1979年撮影。31歳でやっとの思いで離婚し、3人の子どもたちと新生活をスタートした。

冒険好きだった両親。1955年、オーストラリアにて。GPSも無線機も付いていない小さなプロペラ機を購入して、世界中を飛び回っていた。

大学3年生のとき、美人コンテスト「バール川の女王」に参加。友人がおもしろ半分に応募したので、何の準備もせず、自分の水着を着て臨んだ。入念に準備をしていた他の参加者たちを退けて、思いがけず優勝。

南アフリカ共和国で育った少女時代、毎年7月には両親、兄スコット、姉リン、双子の妹ケイ、弟リーとともに、自家用飛行機でカラハリ砂漠に冒険旅行に行っていたほか、現・レソト王国の山岳地帯を旅した。実家ホールドマン家のモットー“大胆かつ慎重に”のとおり、父母はあらゆる危険に備えて準備をしたが、ライオンと鉢合わせするなど忘れられないピンチもある。

23歳、24歳、26歳と立て続けに出産。年齢の近い3人の子育ては大変なことも多く、幼い長男イーロンを隣に歩かせ、次男キンバルと長女トスカを両脇に抱えて移動した。子どもたちの存在は、支配的で理不尽に暴力を振るう夫との結婚生活で心の支えだった。

自宅で栄養士の仕事をしていたころ、トスカは医師への手紙をワープロで打ってくれた。イーロンはワープロの機能を何でも説明してくれた。

フランス語学校での出し物で、金色のドレスを着てオペラ歌手役に挑むトスカ。

熱心にピアノを練習するトスカ。小さなころから、音楽や演劇、ダンスに夢中だった。

ゲームに熱中するイーロン。当時から驚異的な集中力を見せていた。

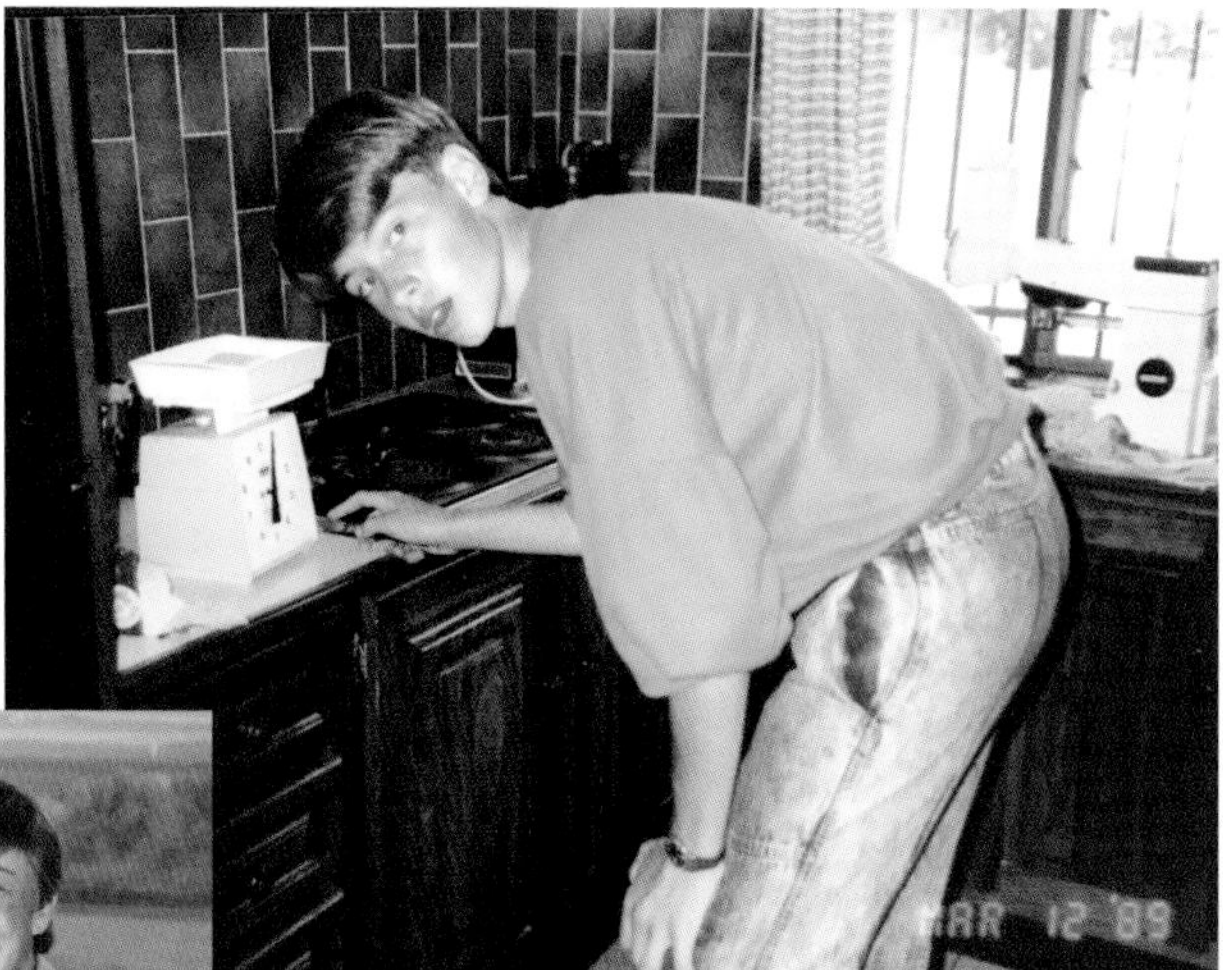

キンバルは子どものころから食べ物が大好きで、12 歳のとき、家族の食事係になった。

イーロン 18 歳の誕生日。わたしの生まれたカナダのサスカチュワン州で。

イーロンとキンバルが初めて起業した Zip2 の立ち上げ祝賀パーティーで。

1995 年、ニューヨークで。わたしの初めての著書の原稿をチェックしてくれるイーロン。

ネバダ州にあるギガファクトリー(イーロンが CEO を務めるテスラとパナソニックが共同出資するリチウムイオン電池の生産工場)をトスカと訪問。

2016年のハロウィン。

親友のスタイリスト、ジュリアとパリへ。お互いに大変だった40代で出会って助け合い、生涯の友人となった。

"家族第一"がモットーのわが家は定期的に集まる。一族全員で出かける旅行では、各々が自由に過ごす。2014年はバルセロナに滞在。

大切なパートナー、愛犬デルレイと。土曜日の夜、外出の予定がなくてデルレイと静かにのんびり過ごすのも好き。

最愛の子どもたちと。3人とも、子どものころに
好きだったことに今なお情熱を注ぎ続けている。

※写真はすべて著者提供

72歳、
今日が人生最高の日

A WOMAN MAKES A PLAN

メイ・マスク
MAYE MUSK

訳　寺尾まち子　三瓶稀世

集英社

わたしの人生に大きな影響を与えてくれた人々に本書を捧げる。

わたしと姉妹だけでなく、出会った女性のすべてに「きっとやれる」という自信を持たせてくれた亡き母、ウィン・ホールドマンへ。

煙突の修繕の件で裁判をしていた5年間、毎晩わたしの愚痴に耳を傾けて励ましてくれた亡き姉、リン・ホールドマンへ。

生まれてからずっとわたしを守り、現実につなぎとめてくれている双子の妹、ケイへ。

わたしの行動すべてにおいて、わたしを尊重し支えてくれている、愛する娘トスカと、ふたりの息子イーロンとキンバルへ。

何でも質問することで、学びや、多くの喜びをもたらしてくれる孫たちへ。

つらい時代も、よい時代も、新しい時代も、わたしを支えつづけてくれる親戚、友人、仲間たちへ。

目次

はじめに　人生は大胆かつ慎重に――計画を立てて飛び込んでみる

LIVE DANGEROUSLY —— CAREFULLY : Make a plan, and take a chance

わたしは、探検するのが大好きな家庭で育った。わが家には自家用飛行機まであった。両親は、キャンバス地で覆われた、GPSも無線機もついていない小さなプロペラ機で、カナダ、アメリカ、アフリカ、ヨーロッパ、アジア、オーストラリアを飛び回っていた。子どものころは両親に連れられて、「失われた都市」を探すためにカラハリ砂漠に向かうのが冬の恒例行事になっていた。方位磁針《コンパス》と3週間分の水と食糧を持って、5人の子どもを連れて砂漠を横断するのは危険な旅だったと思う。それでも両親は、細かな点まで抜かりなく旅行の計画を立てていた。わが家のモットーは〝人生は大胆かつ慎重に〟。冒険好きで、いつも予想外のできごとに備えておく父を見てきたので、わたしも好奇心旺盛で、探検するのが大好き。

子どものころから聞かされてきたアフリカのことわざがある――「農民は計画を立てる」。南アフリカでは年じゅう、このことわざを耳にする。ささいな問題にしても、大きな問題にしても、柔軟に問題を解決しなければならないときに使われる。そしてそれは、目の前にどんな障害があっても、その問題に取り組み、解決するために別の道を見つけなければならないということ。

最初のうちは、この本のタイトルを『生き残るために闘って』にしようと考えていた。でもそれは、すべての人に魅力的だとは思えなかった。わたしは、本を読んだ人に、わたしのように苦労の多い人生を送ってもらいたくなかった。というのも、わたしの人生では、物事がしょっちゅう悪い方向に進み、そのたびに作戦を練り直すことになったからだ。

　わたしは何度も人生をやり直し、大人になってからは3つの国と9つの都市で暮らした。何度もやり直すことなんて人にけっして勧められないけれど、それでもそうしなければならなくなったら、まずは計画を立ててみてほしい。そうすれば、わくわくする楽しい人生が送れる。わたしも最初は苦労したけれど、あきらめずに挑戦しつづけたおかげで、私生活でもビジネスでも成功できた。人生を変えるときに、細かいところまで計画を立てる必要はない。問題が起こったら、そのたびに解決していけばいい。

　人生の曲がり角には、驚くようなことが待っている。自分や、家族や、友人について心配したり、途方もなく魅力的なものを見て感動したり、仕事で成功したり、波乱の毎日を送ったり……。考えなければならないことが一度にたくさん出てくるけれど、まずは一歩を踏み出し、そのあと次の一歩を踏み出せば、前に進んでいける。

　予想外の状況に陥ったときには、ロマンス小説や自己啓発本を読みあさり、本に希望をもらった。だから、わたしの経験を知って、あなたが希望を抱いてくれたらうれしい。

　わたしはいま、72歳になった自分をすばらしいと思っている。72年生きてきて、ふたつの仕事で成功し、3人の子どもを育て、11人の孫がいる。そして現在、食生活カウンセラーとしてあちこちで講演をし、モデルとしてもかつてないほどの人気を得ている。この本の執筆まで依頼された。だから、72歳は最高！　いまも毎朝、目覚めたとたんにわくわくしている。

何にでも一生懸命取り組み、計画を立てて、思い切ってやってみれば、火星にだって行けるかもしれない。

BEAUTY

第1部

美

1 白髪こそ新たな美
——人生はどんどんよくなる
SILVER IS THE NEW BLOND : *Life keeps getting better*

59歳、髪を染めずに白いままにした。2年後、『ニューヨーク・マガジン』誌の表紙で妊婦になった（もちろん、ほんとうに妊娠したわけではないけれど、かなり真に迫っていたはず）。67歳、初めてのニューヨーク・コレクションで、3分の1の年齢の女性たちと一緒にランウェイを歩いた。69歳、コスメブランドの〈カバーガール〉の広告に起用された。

そんなことになるなんて、想像できる？　わたしには想像できなかった。白髪のままでいることがスーパーモデルになる秘訣だなんて思いもしなかった。初めてランウェイを歩いたのは15歳で、18歳になったらもう終わりだと言われていた。モデルをこんなに長く続けるなんて思っていなかったし——72歳で最盛期を迎えるなんて、考えたこともなかった。でも57年後のいまもモデルを続けているし、まだスタートしたばかり。

年をとっても、女はテンポをゆるめる必要はない。わたしは弾丸のように猛烈な速さで生きている。あらゆるものを試し、楽しみ、これまで以上に働き、これまで以上に働いていることを確かめるためにSNSを使い、最高に楽しんでいる。年齢を考えて生活を縮小したり、前進するのをあきらめたりしないこと。よく食べ、笑い、活動し、楽しみ、自信に満ちていることが肝心なのだ。わたしはこれまで、年をとるのを恐れたことなんて一度もない。おかしなことに、顔にしわを見つけると――60歳を過ぎてからは、腿《もも》と腕にも――むしろとても愉快な気分になる。健康でいることがとても幸せ。

わたしは10代のときに南アフリカ共和国のプレトリアでモデルの仕事を始めた。両親の友人がモデル学校とマネジメント会社を経営していたからだ。彼女はレティーという名で、夫はわたしの父と同じく飛行機を持っていた。レティーは、毎週日曜日の夜、わたしたち家族と食事をした。とても美しく優雅で、静かな自信に満ちていて、彼女の望みなら何でもかなえてあげたいとまわりが思うような女性だった。

15歳のとき、レティーがわたしと双子の妹、ケイを無料でモデル学校に入れてくれることになった。ふたりとも深く考えずに入学した。その学校を卒業するとき、最後のウォーキングのためにわたしはピンクのシャネル風スーツをつくった。自分で茶色い髪をセットし、自分でメイクした。

レティーは、わたしをモデルとして初めて雇ってくれた。レティーに頼まれて、デパートで土曜日の午前に催されるファッションショーや印刷物のモデルをした。モデルであることに特別な思いや優越感は抱かなかった。たんなる仕事だと思っていた。だから、ほかの仕事よりもらえるお金が多いのはうれしかったけれど、その額を知ったときはびっくりした。どこかへ行き、ドレスを着て、会場を歩き回り、家へ帰る。それだけで、どうしてこんな高額をもらえるのだろう？しかも、わたしのような年齢の少女が。

当時は、72歳になってもモデルをしているなんて考えもしなかった。普通は、モデルといえばみんな若い。だからモデルをするのは短期間だと思っていたし、それでもかまわなかった。たくさん稼《かせ》げるのがうれしいだけだったから。わたしの目標はモデルではなく、大学に行くことだった。

それなのに、わたしは大学に進学してもまだモデルを続けていた。そして計画どおりに卒業して、結婚した。結婚は想定外だった。ましてや新婚旅行で妊娠して、3年で3人の子どもを産むなんて想像もしていなかった。だから、イーロンとキンバルとトスカが生まれたのは思いがけないことだった。子どもがひとり生まれるたびに、わたしは髪にブロンドのハイライトを入れていった。トスカが生まれたときには、完全にブロンドになった。

3人めの子どもが生まれてから、レティーに頼まれ、モデル業を再開した。レティーの会社ではファッションショーで花嫁の母親役をやるモデルを探していて、若い子にはできなかったからだ。そこで28歳の大人になっていたわたしが頼まれたというわけ。こんなふうにして、わたしは南アフリカで最年長のモデルになった。

31歳、わたしは夫から逃げ、シングルマザーとしてダーバンへ移った。もう美容院で髪を染める余裕はなく、自分で染めはじめると、ブロンドとオレンジが混じったまだら色になった。いわゆるブロレンジという色。最悪だった。髪はひどい縮れ毛で、そのうえ節約のために自分で切った。それでも、どういうわけかモデルの仕事はもらえたので、不安はなかった。22歳のときにプレトリアの自宅で始めた食生活カウンセリングの仕事にも影響しなかった。ちゃんと仕事をしていれば、顧客《クライアント》は髪のことなんて気にしない。

42歳でトロントに移り、博士号を取るために大学に通いながら、モデルと栄養学を教える仕事を続けた。ポートフォリオ（仕事で撮ったモデル写真）を持っていくと、トロントの事務所は喜んで契約してくれた。トロントではモデルの仕事の大半は若い女性向けだったが、ときには現実味を出すために年長のモデルが必要になった。わたしが初めて祖母役の広告で表紙になったのも、そのためだ。まだ42歳だったのに！

もちろん、トロントで40代のモデルはわたしひとりではなかった。わたしが10代や20代のときにしていたモデルの仕事だったら、40代では難しかったかもしれないが、ここではそんな仕事ばかりではない。ハイファッションやオートクチュール、ニューヨーク・コレクション、ミラノ・コレクションばかりが、モデルの仕事ではないのだ。

年配の男女のモデルだけで行われたファッションショーに出たことがあった。ショーのあと、みんなで飲みに行った。すると、ひとりの男性がこう言った。「きみは自分の金で飲んでくれよ。おれと寝ていないのは、きみだけなんだから」

わたしは黙って彼をじっと見た。

彼は続けて言った。「ほかのモデルたちとはマットレスの広告で一緒になったからね」

年配のモデルにまわってくるのは、寝具のセールの広告とか、そんな仕事ばかり。

それでもかまわなかった。わたしがモデルをしていたのは、わくわくしたかったからじゃない。仕事がモデルで、わたしには仕事が必要だったのだ。それでもモデルの仕事はおもしろかった。美しくいられたし、オフィスにこもらずにいろいろな街へ行って、さまざまな人々と知り合えたから。当時は食生活カウンセリングの妨《さまた》げにならないように、モデルの仕事は３週間前には声をかけてもらい、月に４日までにしていた。それなのに食生活カウンセリングと同じくらい稼ぐことができ、収入が安定したので、仕事場で波風を立てるようなことはしなかった。それで、家賃、バス代、学校の制服代、ガソリン代、車関係の諸経費など、日々の生活費をまかなえた。格安航空券で家族を訪ね、服や住居に必要なものを買えた。ときには自分のワンピースも買えた。モデル業が生活に余裕を与えてくれたのだ。

食生活カウンセリングのクライアントにはモデルをしていることは内緒だった。ＳＮＳもなかったので、知っている人はいなかった。

50代のころにはニューヨークで暮らしていた。大規模なキャンペーンの仕事をいくつか手がけ、仕事を増やしたくて大きなモデル事務所と契約した。でも、逆に仕事が減った。モデルは「ときどきやる」から、「たまにやる」になってしまった。

わたしは事務所にメールを送り、モデルをやめるために契約したわけじゃないと伝えた。すると、わたしにまわす仕事がないと返信が来た。

そこで今度は電話をかけると、こう言われた。「みんな、あなたを使いたがらないのよ。あなたより顔が知られているモデルが欲しいわけ」

わたしは納得がいかなかった。「ほかのモデルだって有名じゃないのに」

クライアントがどうしてわたしを使いたがらなくなったのか理解できなかった。何十年もモデルを続けてきたけれど、もう潮時なのかもしれない。わたしの外見を好きな人はいないと言われたのだから。

ところが、同じ業界で仕事をしている人たちにばったり会うことが何度かあった。街なかやレストランで呼び止められ、こんなふうに言われたのだ。「仕事を頼もうとしたのに、ぜんぜん引き受けてもらえなくて」

そこで、事務所に出向いてこう言った。「仕事の話は来ていたらしいけど?」

「依頼なんてなかったわ。ほかのモデルと勘違いしているんでしょう」

髪を染めるのをやめたのはそのときだ。どうせ、モデルの仕事はめったにしないのだから。わたしのほんとうの髪の色は何色なのかがわかったほうがいいかもしれないと思ったのだ。

髪が伸びてくると、ひどいありさまになった。根元は白く、肩のあたりはブロンド。栄養士は有能であれば、髪がどんな色だろうがかまわない。それでも、親友であるジュリア・ペリーの助言でベリーショートにした。シャープで刺激的、大きくイメージチェンジした。


髪を染めるのをやめて白髪になってから半年間、モデル事務所からの仕事はまったくなかった。あの時期はとてもつらかった。自分にはもう仕事がなく、モデルのキャリアはついに終わりだと思いはじめていた。

そんなとき、おもしろいことが起こった。キャスティング・ディレクターから『タイム』誌の仕事が入ったのだ。今度は事務所も断るわけにはいかなかった。キャスティング・ディレクターの事務所がわたしの自宅の近所にあり、彼は毎朝わたしが犬を散歩させている姿を見ていたからだ。

そんなわけで、わたしは『タイム』誌の健康コーナーの中扉を飾った。

わたし向けの仕事はあった。外見は問題じゃなかった。問題なのは事務所だった。

作戦を練り直さなければ。

わたしはチャンスはすべて活《い》かしたかった。事務所はわたしを売り込むべきだったのに、どういうわけかそれを怠《おこた》っていた。わかったからには、行動しないと。ただ突っ立って、ほかの人に仕事を奪われるわけにはいかない。

そこで、モデル事務所に出向いて、考えを伝えた。要望があるなら意思表示すべきなのだ。

先方は腹を立てた。

「あなたのために仕事をしていないなんて、よく言えたものね！」

嘘だ。オーディションを受けて仕事をもらえなかったのなら話は別だ。そんなことはこれまで何度もあった。オーディション会場へ行き、20数名の女性たちと並んで待っても仕事をもらえない。そんなのはモデル稼業につきもの。でも、代理をつとめているモデル事務所がオーディションに送り込んでくれないのは、さすがにひどい。

だが、あちらはそのことを認めようとしない。わたしに仕事の依頼がないからだと言い張った。それ以上はどうしようもなかった。事務所との契約期間がまだ残っていたからだ。

働く環境が悪くても自分では変えられず、その状況から抜け出したいと思うときは、先が見えない。とても怖い状況だ。毎日、仕事場でつらい時間を過ごすことになるだろう。喜びを感じられず、毎日が憂鬱《ゆううつ》になる。仕事とは、楽しくて、大好きなものでなければいけない。起きている時間の大半を仕事に割《さ》いているのだから。食生活カウンセリングのクライアントには、「仕事は大好きだが上司が嫌い」という女性弁護士が大勢いた。不満とストレスで食欲がなかった。わたしは、「状況を変えるように」とアドバイスした。彼女たちは行動に移して、新しい法律事務所に転職したり独立したりして幸せになると、食欲が出てきたようだ。「あなたに相談するほうが精神科医にかかるより安上がりだわ」とクライアントはよく言っていた。

モデル事務所との契約書を読むと、ニューヨーク市の仕事に限定されていることがわかった。そこで、わたしはフィラデルフィアのモデル事務所と契約した。ロングアイランドのハンプトンズ、コネティカット、ニュージャージー、ロサンゼルス、ハンブルク、ミュンヘン、パリ、ロンドン。あちらこちらの事務所と契約し、仕事を受けはじめた。商品カタログの撮影の仕事、ヘアケア用品や医薬品の広告のためにヨーロッパへ行くようになった。わたしは充分なギャラを手にすることができ、さらに飛行機はいつもエコノミークラスを使って交通費も節約した。

カタログや商品の宣伝、展示会といった身近な仕事が多かった。華やかではないが、それも仕事だ。お手頃価格のデパートの服を顧客に見てもらう仕事。段ボール紙でできた小さな部屋で着替えては、出ていく。30人ほどの客が座っていて、わたしが着ている服を見る。服を披露する合間に入る小さな部屋にはクリームチーズをはさんだベーグルを置いておき、着替えるたびに少しずつかじった。一度に食べる時間がないからだ。

ニューヨークで、わたしは干されたままだった。だが、自分にはまだできるとわかっていた。

わたしの行く手を邪魔しているのは年齢でも外見でもない。原因はわたしではなく、モデル事務所の人たちなのだ！

彼女たちから逃れる方法を見つけなければ。わたしは事務所に出向き、待合室で待って、待って、待って、ついに幹部の女性の部屋に通された。

わたしは彼女に言った。「もう半年も仕事をもらっていません。やめさせてください」

望みどおりの結果を得られるまでは帰らないつもりでいると、とうとう事務所が同意した。わたしは、もっと早く動くべきだった。だからあなたには、どうか、わたしより早く学んでほしい。そうすれば、あまり苦労しなくてすむだろうから。状況が変わらなければ、できるだけ早く逃げ出すこと。たとえ、そのあと何も得られなかったり、あるいは何も得られないだろうと思ったりしても。さらには、そのあと経済的に困ることになっても。

その後、前に仕事をしたことがある小さな事務所と契約した。その事務所は喜んでわたしを迎え、白髪のベリーショートも気に入ってくれた。そしてトロントで雑誌の仕事をとってくれた。年をとると普通は雑誌の仕事はこなくなるので、驚いた。雑誌は最高だった。でも、わたしは最高じゃなかった。雑誌の撮影なんて、どんなポーズをとったらいいのかわからなかったから！

カタログの場合は、肩の力を抜き、幸せな人を演じ、服にしわを寄せないとか引っぱらないとか、注意するのはその程度だ。だが、雑誌の場合は、急に跳んだり踊ったりからだを伸ばしたりハチャメチャなことをやったりと、型破りなことを求められる。わたしはどんなポーズが求められるのか勉強するために、雑誌を読みはじめた。

それまで一度だけ雑誌の仕事をしたことがあった。45歳のときで、そのときは主役のスーパーモデルの背景をぎこちなくつとめただけだ。

わたしはトロントへ飛んだ。撮影現場にいるモデルはわたしだけだった。

「ほかのモデルはどこにいるんですか？」。わたしはきいた。

「いませんよ。あなたひとり」

そのあとはデザイナーとオートクチュールと美しい服というクリエイティブな世界が待っていた。白い衣装で8ページ、白い物語を撮影したのだ。とても美しかった。ショートヘアでも毎回髪型を変えた。

できあがりを見たときには「すごい！」としか言えなかった。

それから、仕事が入りはじめた。ニューヨークへ引っ越してきたとき、キンバルとタイムズスクエアで巨大な広告を見あげ、わたしは「いつか、わたしがあそこに飾られるから」と言い、息子と笑い合った。そのわたしがほんとうに広告に載った。初めてタイムズスクエアの広告になったのは、高さ45メートルの掲示板だった。

それは、ヴァージン・アメリカ社の広告だった。３００人の女性がオーディションに参加してこのわたしが仕事をゲットしたのだ。撮影現場にはとても若い男女のモデルもいたが、彼らはあまりにも美しすぎてわたしのことなど眼中にないようだった。だが、最終的に多くの人が目にする広告に載ったのは、わたしのほうだった。67歳、わたしは至るところにいた。タイムズスクエア、地下鉄、アメリカじゅうの空港。わたしの顔を見ずに電車や飛行機から降りることはできなかったはずだ。

髪を染めるのをやめたら急に売れ出すなんて、誰が思っただろう？　15歳のときにはモデルの寿命は18歳までだと言われたのに、72歳でわたし史上最高の人気を得ている。いつだって道は見つかる。いつだって、計画は立て直せる。たしかに学びを得るまでには時間がかかった。でも、いまでも学びつづけている！

ほかにも仰天するようなことが起きた。ＳＮＳだ！　ＳＮＳに投稿すると、白い髪が大人気になり、この髪の色のおかげでモデルの仕事が入るようになった。いまではその日の現場に白髪のモデルはわたしひとり、とわかったうえで部屋に入っていくのがとても楽しい。白髪の女性がほかにもいるときには、かならずにっこり笑って声をかける。「おそろいね」

いま確実に言えるのは、ますます楽しくなっているということ。毎週月曜日になるたびに、さらにわくわく感が増しているのは、何かおもしろいことが起きそうだと期待しているから。たとえ何も起きなくても、何かを起こすためにＳＮＳやウェブサイトに投稿して心躍らせている。だから、72歳は最高なのだ。だから、年齢なんて気にしない。

おもしろいことをするのに忙しいから。

2

魅了する
——美しいより、おもしろく

BE FASCINATING : *It's better to be interesting than to be beautiful*

50代で美容関連の広告のオーディションを受けたときだ。キャスティング・ディレクターが言った。「ああ、あなたはとても美しい」

わたしは答えた。「だって、それが前提条件でしょう?」

陽気な受け答えをしたつもりだった。

だが、キャスティング・ディレクターたちは反感を覚えたらしい。これっぽっちも受けず……あまりにも高慢で、その仕事には向かないとさえ思われたようだ。

それ以降、わたしは「ありがとうございます」とだけ言うことにした。

アメリカではどうして誰もが美しさについて語るのか、いまでも理解できない。南アフリカでは、知性を感じ、思わず興味をそそられ、ユーモアのセンスがある女性のほうが尊ばれる。外見のよさよりも。わたしはよく「おもしろい人ね」と言われた。そのとおりだったと思うし、いまでもそうだと思う。南アフリカでは、わたしが栄養学の最新の研究内容について話をするので、栄養士であることのほうに関心を持たれた。メディアの仕事をすることにも。仕事への姿勢やプロ意識に興味を持たれていたのだ。

ところが初めてアメリカに来たとき、わたしは双子の妹のケイに電話して、美しさのことばかり話すアメリカ人の習慣が妙だと話した。

妹のケイのことは大好き。毎晩おしゃべりして、投資から歯のホワイトニングをすべきかどうかまで（ケイは反対した）、何でも相談相手になってくれる。ケイはいつもわたしのそばにいて、いつもわたしを支えてくれる。

ケイのいちばんの長所は率直で、ふざけたことを言わないところ。ただ思ったことを口にする。だからといって、生まじめというわけではない。いつも笑っている。ふたりのうち、おもしろいのはケイのほう。といっても、わざと人を笑わせようとしているわけじゃない。ケイが話しはじめるとみんながそばに寄ってきて、ケイを好きになる。もしケイに会うことがあれば、あなたも大好きになるだろう。残念ながら、ケイは表に出るタイプではないから、まず会えないだろうけれど。

ケイはこう言った。「これまで言ったことはないけど、あなたはきれいだと思う。あなたが入ってくると、みんなが一斉に見るもの」

わたしは誰のことも見ていないから、気づきさえしなかった。ケイの言葉で、長年、デートしてきた男性たちに言われたことを思い出した。「メイ、レストランに入っていくとき、ぼくの前を歩いてくれない？」

言われたとおりにすると、そう言った男性はわたしの連れであることがわかるように、あとからついてくる。当然ながら、最後にはわたしはふられてしまうのだけど。外見しか見ない人たちとはそういうものだ。

ほんとうは自分のほうからふるべきだったのだ。美しい人と出会ったら、もちろん一緒にいるのが楽しくなる。でも、相手がおもしろくなかったら、すぐに別れてしまうだろう。外見の美しさより人間性で好きになってもらったほうがいい。

こんなカップルがいた。男性はハンサムだけど女性は十人並み。不釣り合いに見えた。ただし、女性は話しはじめるとその場の誰よりも人を惹《ひ》きつけた。

その原因は彼女の態度にあった。彼女の自信だった。人生に対する見方だった。彼女はとても賢くておもしろく、わたしにとってとてもよい友人になった。

わたしは墓石に「彼女は美しかった」と刻まれるより、「彼女はおもしろかった」と刻まれたい。

外見の美にこだわりすぎると、完璧に美しくないと不安になってしまう。そんなのは不幸だし、知的だとか、おもしろいとか、多くのすばらしい個性が育たなくなってしまう。

誰かにアドバイスをするとしたら、人にはやさしくし、ほかの人の言うことに耳を傾けて、楽観的であること。苦労話なんてやめて。自信とほかの人に対する敬意と関心を見せてほほえんで。そうすれば魅力的になれる。どんな人にも、ほかの人の役に立てる才能がある。才能なんて何もないと思ったら、これまでの人生で自信を持てた瞬間を思い出してほしい。そしてその分野でがんばればいい。その分野の勉強をしたり、ほかの人に教えたり、さらに興味を深めたりすること。とくに関心があることについては本を読み、話をしてみてほしい。それでわくわくしたら、もっとおもしろくて、賢い人になれるはず。何でも得意になる必要なんてないけれど、得意な何かは必要だ。誰かにレシピを尋ねられても、料理が得意じゃないわたしには答えられない。でも、だからといって落ち込まない。料理は、得意でもなければ興味があるわけでもないだけだから。

そしてユーモアを持ち、ほかの人の言葉に過敏にならないこと。デートの誘いを断ったら、相手の男性はもっと若い子を見つけると言うかもしれない。そんなの笑い飛ばせばいい。彼がどんな娘を見つけようが、どうでもいい。その人に関心がなければ、腹も立たないはず。わたしたちは前進して、自分に満足しなければいけない。ユーモアあふれる話し方ができて、自分のことを笑い飛ばせて、明るい声でおしゃべりできれば、もっと楽しい人になれる。必要なのは魅力的になることなのだ。

3

ダサい格好のすばらしいモデル

――センスがないなら、おしゃれな友だちを持とう

GREAT MODEL, DRESSES TERRIBLY :
You don't have to be stylish; just find a stylish friend

これまでは目いっぱいドレスアップするなんて、誕生日か結婚式に出席するときくらい。年に一、二度だった。レッドカーペットを歩くのにどれだけ準備が必要なものか――。67歳のときに息子のイーロンの招待で大規模なファッションの祭典〈METガラ〉に出席したときに初めて知った。ゴージャスなドレスに包まれた気分は最高だった。胸を張って歩き、背筋を伸ばして立ち、すべての人にほほえみかけ、足どりもいつもより軽やかだった。

いまでは、表彰式や映画のプレミアショーにセレブを登場させるために、ファッションチームがどれだけ大変な準備をしているのかわかる。デザイナー、スタイリスト、スタイリストのアシスタント……全員が必死になって完璧な装いを目指す。あまり知られていないことだけれど、完璧な下着を着けることで、ドレスはきれいに着こなせる。上品なものから派手なものまで、アクセサリーも重要。髪型はいつもより手をかけていると思われるように、毎回変えなければならな

い。メイクアップ・アーティストは〝ノーメイク〟に見えるナチュラルメイクにするのか（それでも1時間かかる）、つけまつ毛や立体感を出すコントゥアリングで妖艶《ようえん》なメイクにするのかを決める。スタッフ総出だ。セレブを見るときにはそういうところも鑑賞するとおもしろい。

わたしがおしゃれにドレスアップしてイベントに出席していたら、それはスタイリストである親友のジュリア・ペリーが30年近くスタイリングをしてくれているおかげ。

ジュリアと出会ったのは、わたしが43歳のときだった。トロントで2つめの修士号を取ったわたしが食生活カウンセリングの仕事を軌道に乗せようと奮闘しているときだった。そのとき、モデルの経歴がとても役立った。モデル学校を運営している事務所が、モデルの仕事をしながら夜は学校で教えることを条件に、オフィスを無料で使わせてくれたからだ。わたしはランウェイでのウォーキングや紙媒体での仕事のしかた、さらにプロ意識について指導し、初めて自宅以外に事務所をかまえた。とても興奮して、いかにもプロになった気分だった。

それからわずかひと月後。今度は、モデル学校の校長になってほしいと頼まれた。学習プログラムを管理していた女性がルーズだったからだ。わたしは信頼できて期限を守れる人物だと認めてもらえていた。わたしは着こなしについても教えることを提案した。南アフリカで教えていたからだが、そのとき、自分の知識の乏しさにまったく気づいていなかった。

モデル学校は専門家の女性を呼んだ。その女性が話しはじめるとすぐに、わたしは自分が着こなしについて何も知らないことに気がついた。四季と、さまざまな色と、さまざまな質感について話しはじめたその女性にすっかり感心したのだ。

それがジュリアとの出会いだった。ジュリアはジュリアで、わたしの印象を聞かれたら、こう答えるにちがいない。

「とてもきれいな女性がいたの。このモデル学校で教えていて、すばらしいモデルでもあった。服装はダサかったけどね。ほんとうにひどかったわ」

わたしはいまでこそ、いつも最新のファッションに身を包んでいる。けれど、これまでの人生の大半はそうじゃなかった。幼いころ、母は自分の着るものはすべて手作りし、子どもたちの服もつくっていた。10代のころ、わたしは自分で服をつくれるように縫い方を習った。そしてベルボトムのパンツとテントドレス（肩から下にかけてのラインが広がっている、ゆったりとしたドレス）を縫った。スーツまでつくった。最初は既製の型紙を使っていたけれど、母がパターンを起こす技術を教える学校に行かせてくれたので、型紙がなくても、雑誌に載っているような服を仕立てられるようになった。最先端の服が着たければ、自分でつくるしかなかったのだ。

仕事用の服は主にスーツを選んだ。カウンセリングをしていたので、からだにぴったり張りついた窮屈な服は着なかった。スーツを着て自信たっぷりに部屋に入っていくほうがよほど安心できた。賢く信頼できる人物に見えるからだ。

娘のトスカはよくこう言っていた。「またグレーのスーツを着るの？　それとも、またネイビーのスーツ？」

それぐらい、似たりよったりの服を着ていた。

わたしはいつも自分のことだけを気にしていた。幸いなことに、センスがそれほどよくないことを自覚していなかった。気づくわけがない。まわりは科学者ばかりで、研究と、人々のためになることと人々の健康を維持することばかり考えていたのだから。わたしたちは研究を愛していた。わたしは科学者仲間の中ではおしゃれだったし、同僚たちにもそう思われていた。だから、わたしは自信を持っていた。

そんなとき、ジュリアと出会った。ジュリアはわたしにもっとましな格好をすべきだと言った。スーツをたくさんそろえるのではなく、もっと体型に合う上質なスーツを1着だけ持つべきで、ワードローブを整える手助けをすると申し出てくれたのだ。わたしにはジュリアにお礼を払う余裕はなく、ファッションのコンサルティングを受けるお返しに、彼女の食生活カウンセリングを行うことになった。結果、ジュリアの食生活を改善できたと自負している。ジュリアも認めてくれていて、いまでもそのカウンセリングは続いている。そして、ジュリアの助言はわたしの人生を変えたのだ。

ジュリアと会うまでは、相手にできるだけいい印象を与えるために自分をどうつくりあげたらいいのか、わかっていなかった。ジュリアと出会ってからは、内面に秘めた自信を外見でも表せるようになった。ジュリアのアドバイスのおかげで、モデルと食生活カウンセリングというふたつの仕事で成功できたのだ。

ジュリアは手始めにわが家に来て服を見て、ほぼすべてを放り出した。残った服はほんの数着だ。

「さて」。ジュリアが言った。「スーツ1着、ブラウス2枚、靴を1足、それからバッグを買って。いい？」

「そんなものを買う余裕なんてないわ」

ジュリアは言った。「お客と同じぐらいにはいいものを着ているように見せないと」。当時のわたしはまだお金に苦労していたので、少しずつそろえていくことになった。数は必要なかった。クライアントが来るのは週に一度で、毎日服装を変えなくてもよかったから。

カッティングがみごとで、美しい生地でつくられた服を初めて着たとき、それまで以上の自信が湧いた。

収入が増えるにつれて、ジュリアはワードローブを増やしたがったが、わたしにはそのための時間がなかった。仕事があまりにも忙しすぎて、買い物に行く暇がなかったのだ。

ジュリアは言った。「1時間でいいから絞り出して」

デパートが近くにあったので、ジュリアが先に行って、たとえば2着めのスーツ、靴、ブラウス、カジュアルウエア、コートなど、必要だと思うものをすべて選び出しておく。そのあとでわたしが休憩中に駆けつけ、急いですべてを試着し、選んだものの支払いをすませ、事務所に戻る。

これを2カ月に一度行った。こうしてジュリアはわたしのワードローブを整えていった。

おしゃれな格好がしたいけれど難しいと思っているなら、わたしのように、センスのいい友人を見つければいい。そういう人はたいてい買い物が好き。買い物に付き合ってもらい、基本的なアイテムと、ここぞというときに着るとびきりすてきな服を選んでもらう。イヤリング、ネックレス、ハンドバッグ、靴、ストッキングなどの小物も一緒に。友人に選んでもらったものを着ると、なんだか落ち着かないかもしれない。わたしも慣れないうちはそうだったけれど、たくさんの人からほめられ、自分よりおしゃれな人を信用すべきだとわかった。

これまで、わたしはお金のない時期が長く、そのなかでできるかぎりスタイリッシュに装ってきた。わたしが長年やってきたように、自分で服をつくるのもひとつの方法だ。型紙と安い生地を買えば、かわいいワンピースがつくれる。もちろん、ミシンも必要だけれど。手頃な値段のショップや割引で買えるアウトレット店もある。わたしはその手のお店に友人を連れていっては、服を買うのを手伝ってもらったものだ。トロントに移ったばかりのころ、友人にディスカウントショップに連れていかれ、42歳で10ドルのミニスカートを買わされた。とても恥ずかしかったけれど、みんなには好評だった。おしゃれに装うのにはお金がかかると考えがちだ。でも、長年お金に苦労してきた者として言わせてもらえば、あらかじめ年間で服にかける金額を決めておけばいい。美容院や歯科医に通う予算と同じように。年に2回、５００ドルの予算しかなくても、大きなセールやリサイクルショップやレンタルショップを利用すれば、ライフスタイルと仕事に合った装いを二、三とおりは用意できるはず。投資するだけの価値はある。ただし、計画は必要だ。

わたしの場合はこんな感じ。年に二度、友人のジュリアがうちに来てワードローブを点検する。わたしたちはつねに最良のものとベーシックなものしか置いておかない。そのためにクローゼットとタンスに入っている服をすべて取り出す。そして体型に合っていて、楽しく着られるものだけをもとに戻す。必要なものは手直しをする。

実際に着るものだけにワードローブを絞ると、服を着ることが喜びに変わる。ファッション関係のブログを読み、とっかえひっかえ試着して買い物をするのに何時間もかける人は多い。でも、わたしは違う！　着飾るのは好きだけれど、毎日そんなに時間をかけたくない。だから、頻繁に何を持っているのか点検し、着ていない服を引っぱり出してきて、〈ドレス・フォー・サクセス〉（経済的に恵まれない女性の自立と就職を支援するＮＰＯ）に寄付する袋に入れる。とても上質で、清潔な服だ。わたしにはもう合わないけれど、ほかの誰かを幸せにできるはず。コートが買えなかったとき、〈ドレス・フォー・サクセス〉がトロントにあったらどれだけ助かったことか。

ワードローブはつねに点検すべし。そうでないと、クローゼットにぶら下がっている服の半分は小さすぎるもの、大きすぎるもの、手直しが必要なもの、もう雰囲気が合わないものになる。いちばん大切なのは、服が体型に合っていること。服が大きすぎたら、とたんに野暮ったく見えてしまう。小さすぎたら、最悪だ。

ジュリアとわたしはベーシックなもので土台をしっかりつくることが基本だと考えている。そのあとにゴールドのフープイヤリングや、すてきなジーンズや、かっこいいブーツを足せばいい。最初はシンプルなものから。たとえば何を合わせてもセクシーに見える黒のジーンズといった日々のアイテム。セーターやボタンダウンのシャツを合わせられるフェイクレザーのレギンス。上質なグレーのウールのコートやトレンチコート。質のいいTシャツに、何にでも合うイヤリング。これからワードローブをそろえるか、最新のものに入れ替えるかするなら、上等なブレザーかジャケットに投資するといいだろう。そうすれば、いま持っている服もあなた自身も価値が大きくアップする。

ベーシックなものがそろったら、色を足していくとおもしろい。グリーンかピンクのカーディガンなら、どんなものにでもはおれるし、奇抜なベルトでトレンチコートの雰囲気を変えてもいい。上等なレザーアイテムも手持ちの服の使い勝手をよくしてくれて、あなたのイメージを洗練させる方法のひとつ。ワードローブを整えはじめたとき、ジュリアはたくさんのハンドバッグを処分して、上等な革のバッグひとつに代えた。まだ予算が限られていたころでさえ、大切なのは数ではなく質だと教えられ、わたしは罪悪感を覚えることなく、上質なひとつのアイテムを持つ充実感を学んだ。ひとつを繰り返し長く着て、新しいものをたくさん買わないことで、地球にやさしく、同時にファッショナブルでいられる。

ここでの教訓。おしゃれでいるのにセンスは必要ない。必要なのはセンスがいい友人である。


ときおり、わたしのような白髪の女性たちに会う。

女性たちは言う。「そのドレス、すてきね」

わたしは言う。「あなただって着られるわよ！」

彼女たちは答える。「無理よ」

多くの女性が無理だと考える。わたしと同世代の女性たちも、あらゆる年代の女性たちもけっして試そうとしない。わたしも以前は同じだった。

ジュリアはよくこう言った。「これを着て！」

「無理よ！」

わたしがそう抵抗しても、ジュリアは譲《ゆず》らなかった。盛大な誕生日パーティーを開くたびに、ドレスがぴったりしすぎているとか派手すぎるとか言うわたしを無視した。でも、無視してくれてよかった。あとから写真を見ると、最高にいい感じだった！

だから、いまなら「着てみる」と言う。試してみたら、たぶん気に入ることがわかるから。もし気に入らなかったとしても、だから何？　ただの服じゃない。とんでもない服を着たっていい。もう一度着る必要はないのだから。どれも永遠に着つづけるわけじゃない。

以前と違っていまのわたしは大胆だ。ファッション誌でクリエイティブなテーマの撮影を多くやっていると、大胆だったり予想外だったりする格好をさせられることが多い。いまでは自分でもファッションに興味が出てきて冒険もするようになったので、最先端のファッションチームにすべて任せている。以前は、イベントで表に出る前に鏡を見て、「スタイリストはいったい、何を考えてるのかしら？　こんなわけのわからない格好をさせて」と何度思ったことだろう。でもいまは、カメラマンや友人、見知らぬ人々の反応を喜んでいる自分がいる。70代らしからぬ格好で、ファッションを楽しむわたしに対する反応ったら！　そう思えるまでに、どうしてこんなに時間がかかってしまったのだろう。

一度でもほめられたら、すごくいい気分になる。胸を張って歩き、笑顔が多くなり、新しいファッションスタイルがなじんでくる。とにかく試してみて。

4

わたしはメイクが好き、メイクもわたしが好き

――メイクは外見も雰囲気も変えられる

I LOVE MAKEUP AND MAKEUP LOVES ME :
Makeup can change your look and mood

中身が魅力的な人間だからといって、外見をさえなくする必要はない。わたしの顔はまっさらなキャンバスで、メイクという色をのせることで作品になっていく。わたしの顔にはそばかすがあり、目の下には黒ずんだくま、それにそう、しわもある。でも、優れたファンデーションとコンシーラーで肌の色むらはなくなる。わたしは眉も、まつ毛も、唇も薄い。でも、アイブロウペンシルでくっきり仕上がる。アイメイクで目はぱっちり開いて大きく見える。マスカラを付ければ、さらに効果的。つけまつ毛で華やかにできたら、レッドカーペットに登場する準備は万端。唇はリップライナーで外側をなぞって大きくし、グロスでふっくら。メイクはしわを減らし、目を大きくし、頬を高くする。だから、わたしはメイクをする。

アイシャドウと口紅の色を変えれば、見た目がまったく変わる。メイクをしてできあがりを見ると、いつも感嘆する。

4
わたしはメイクが好き、メイクもわたしが好き
——メイクは外見も雰囲気も変えられる

メイクを始めたのは10代だった。１９６０年代、雑誌に載っていたモデルのツイッギーをお手本にした。ツイッギーのメイクをまねるのは手間がかかった。目の際に黒い線を引き、つけまつ毛を上側には何枚か重ね、下側には１枚付けた。下まつ毛にはマスカラも塗った。１時間かかったが、楽しかった。びっくりするくらいすてきで、おしゃれに見えた。父はそばに寄ってきては「やりすぎだ」と言っていたけれど。

ファッションで厄介なのは、変わらなければならないところ。ナチュラルメイクが流行れば、メイクの手順をすべて変えなければならない。１９６０年代はツイッギーのメイクをまねて、眉を細くしたかった。わたしは毛抜きで眉を抜きすぎたせいで、二度と生えてこなくなった。そもそも最初から濃くなかったのに！　それなのに、その少ない毛を抜いてしまった。

流行が変わるとすぐに、わたしは眉を太くする方法を学ぶことに。

そして、いまも眉を描いている！　それもメイクの喜び。眉の描き方はへただけど、とりあえず、そのおかげで眉はある！

わたしはいま72歳で、レッドカーペットやランウェイを歩くときはドレスアップする。でも、そのときだけ！　家にいるときはほとんどノーメイクで、肌を清潔にしてリップクリームを塗るだけ。犬を連れて歩き回ったり、日中パソコンに向かったり、学校に孫たちを迎えに行ったりす

るときはメイクをしない。メイクをするのはランチを食べにいったり、友人に会ったり、会議に出たりするときだけだ。

わたしのメイクの手順は洗顔をして保湿するところから始まる。スキンケアはシンプル。自宅にいるときは洗顔料、出先では石鹸と水を使う。アイクリームを塗り、日焼け防止のためにＳＰＦ15以上の化粧水を使う。夜はその日にしたメイクをすべて落としてから、アイクリームとナイトクリームを塗る。

日焼け止めはかならず塗ること！ メイクをするしないは、あなた次第。でも、日焼け防止をしないのは、自らトラブルを招いているのと同じ。スキンケアで悩みながら、（わたしに言わせれば）〝反スキンケア〟をするために太陽の下で寝そべっている女性がなんと多いことか。人間ができる最良の決断は、日焼け止めを塗って帽子をかぶり、太陽の下で肌を守ることだ。

レッドカーペットの上を歩くのでないかぎり、メイクは自分でする。もしわたしが、レッドカーペット用のメイクを自分でしたら、すっかりくたびれて見えるだろう。プロにやってもらうと、とても明るく華やかになる。目尻にグリーンのアイシャドウを入れたり、ゴールドを入れたり。とても70代の女性とは思えない。ＳＮＳのコメントは好意的で、だからこそわたしは挑戦を続けている。コメントは「かっこいい《フィアス》」とか、史上最高（グレーテスト・オブ・オール・タイム）を意味する「ＧＯＡＴ」とか、生粋《きっすい》のギャング（オリジナル・ギャングスター）を意味する「Ｏ

G」など。とてもおもしろい。

自分でメイクをするときにかかる時間は10分。メイクアップ・アーティストは1時間かける。わたしが1時間かけても、まともな仕上がりにはならないだろう。メイクアップ・アーティストは芸術家なのだ！　わたしは科学者で、芸術家のような才能はない。けれども、たとえ芸術家ではない人間でも、使いやすい道具をいくつかそろえて使い方を覚えれば、上手にメイクができる。わたしの知っているメイクアップ・アーティストは、24キロの化粧品と道具を持って飛行機に乗る。いつも重量オーバーで追加料金を支払っているが、それでもその追加分の4キロの道具が必要なのだ。それが彼女の仕事だから。

イベントのためにドレスアップするとき、幸いにもわたしには芸術監督をつとめてくれる友人ジュリアがいる。そしてイベントの夜、どんな女性になるのか、ふたりで一緒に決める。ジュリアはわたしを引き立たせるために何ができるか考えてくれるのだ。

髪はどんなふうにする？　メイクは？　生き生きと見えるだろうか？　アイシャドウは派手な色がいいだろうか？　口紅は強烈な色？　ジュリアはゴールドや紫やブルーを選ぶこともある。また、出席する場所についても頭に入っている。つくりあげるキャラクターは、特別なイベントのためのものなのだから。映画関係のイベントなのか？　本の出版記念なのか？　チャリティーイベントなのか？　それから仕事にかかる。まるで仮装パーティーだ。

69歳で〈カバーガール〉のアンバサダーに選ばれたのは、まさに青天の霹靂《へきれき》だった。それまでもコスメのキャンペーンに起用されたことはあったが、中心となるモデルではなかった。わたしは心の底からわくわくした。ようやくアメリカでも、メイクはすべての年代にとって大切なことだと認められたらしい。わたしは実際より若く見せるようにと言われたことはなく、年歳を隠す必要性を感じたこともない。72歳でいることが幸せ！　こんなふうにすればこんなに美しくなれると知ってもらえることが幸せなのだ。女にとって、メイクは外見をよくしてくれるもの。うまく活用しない手はない。

5

自信満々ゲーム
——胸を張り、思いやりを持って
CONFIDENCE GAMES : *Walk tall and be considerate*

自信を失うことはしょっちゅうある。でも、ときには胸を張って自信があるふりをしなければならない。それはゲームなのだ。わたしの家族はみな姿勢がいい。母はダンサーで、父はカイロプラクター、父方の祖母はカナダで初めてカイロプラクティックを行ったひとりだ。きょうだいもわたしも幼いころから正しい姿勢を学び、そのまま学びつづけた姉リンと双子の妹ケイはダンス教師に、兄スコットはカイロプラクターになった。家族全員、背筋を伸ばして歩いている。

父は年に一度、庭で歩き方コンテストを行っていた。そんなコンテストを開く人なんて聞いたことがないけれど……。父はとても宣伝上手だった！　診療所の前にある広い庭に患者と友人みんなを招き、母はたくさんのパイを焼いて冷凍した。１０００人にパイをふるまえるくらい巨大な冷凍庫があったのだ。母はコーヒーと紅茶も出した。そして全員が庭に座ると、いよいよコンテストが始まり、最も姿勢がよかった人に表彰状が授与される。誰もが自信にあふれ、幸せそうだった。

生まれてこの方、わたしはずっと姿勢がいいと言われてきた。最近はモデルをやっているおかげだと思われているが、そうじゃない。家族のおかげなのだ。胸を張って歩いている人を見かけたら、自分もそんなふうに歩きたいと思わない？　そう、練習すれば、かならずできる。猫背でうつむいていると、悲しく不安そうに見えるけれど、胸を張って歩けば、力強くて自信があるように見える。自信があるように見られたかったら、そして実際に自信を持ちたかったら、姿勢をよくすること。背筋を伸ばして立ってうれしそうな顔をして、話しかけられたら相手を見る。目はそらさない。これが自信満々ゲームだ。

姿勢だけじゃなくて、態度も大切。わたしはとても穏やかに話す、品行方正な両親のもとで育った。ふたりともカナダ人だったからだろう。いつも礼儀正しく、他人を思いやった。モデル学校にはエチケットの授業があった。レストランでの注文のしかたやナイフとフォークの使い方を習ったのだ。

わたしはテーブルマナーで学んだことをずっと活用してきた。南アフリカ共和国のブルームフォンテーンのモデル学校で教えていたときも、エチケットの授業があった。モデルのためだけの授業ではない。親たちみんなが礼儀作法を学ばせるために子どもたちを送り込んできた。

モデルにとって重要なのは時間を厳守すること、はっきり話すこと、恥ずかしがらないことだ。マナーが身についていれば、まちがいなく自信が持てる。ほかの人の目にも自信があるように見える。わたしはマナーがきちんとしている人を高く評価する。そして、マナーを身につけるのはとても簡単なのだ。

子どもたちや孫たちにも、誇りをもって礼儀正しくふるまい、姿勢とマナーを保ってほしいと思っている。願わくば、わたし自身がそのよい見本でありたいと思う。両親がわたしにとってそうであったように。

息子のイーロンには5人の息子がいる。わたしがロサンゼルスへ移ると、家族一緒に食事をするようになり、大混乱だった。誰もがわれ先にしゃべろうとすると、どれだけにぎやかになるか想像がつくだろう。

わたしは言った。「これからは週に30分、ひとりずつと一対一で過ごすことにします」。金曜の午後になると、わたしは息子の家へ行った。ひとりの孫と一緒に腰をおろして、学校の勉強や孫がやりたいこと、興味を抱いていることについて話をする。ときにはふたりでゲームをしたり、本を読んで聞かせたりすることもあった。

そのあとは孫たちをテーブルに連れていった。そして行儀のいい食べ方を教えた。行儀のいい話し方も。話していいときまで待ち、ほかの兄弟が話しているのに大声で割り込まないことも。「食べるときは口を閉じること」。「口をいっぱいにして話さないこと」。ナイフとフォークの正しい使い方も。すると、ちゃんと覚えるのだ！

わたしは孫たちに言った。「食べ終わったら、お皿をキッチンへ運ぶこと。ただし、パパとおばあちゃんのお皿も持っていくのよ。そして自分がその日にやったことを話すのではなく、パパにきょうはどうだったかってきくの」

食事をするために集まると、孫たちはとても行儀よくふるまった。イーロンがテーブルにきて腰をおろすと、ひとりが声をかけた。「きょうはどうだった？」

イーロンはとまどっていた。

別の孫が言った。「ぼくが最初にききたかったのに！」

最初の孫が言い返した。「ぼくが先！」

大笑いだ。

そのあとは誰がイーロンの皿をキッチンへ運ぶかで言い争った。交替でやればいいのよ、とわたしは言った。

孫たちはいまではとても礼儀正しい子どもになり、わたしの自慢だ。

礼儀正しくふるまえば、相手は受け入れてくれるし、大声を出したり騒々しくしたりそこらじゅうを飛び回ったりするよりずっと印象がいい。ほかの人にも認めてもらいやすくなる。

たとえ生まれつき自信に満ちた人でも、何度も自信を抱いたり失ったりする。できることなら、年をとるにつれて自信を失う時間を少なくしたい。70代になったわたしは以前より自信を失っただろうか？　いいえ、わたしは以前より自信がある。拒絶されたり、侮辱されたりすることを気にしていないからだ。自信のない女性は多い。何でもできないとだめだと思い込み、批判されて打ちのめされ、あまりにも多くのことを抱えすぎ、そのすべてで成功することができないと嘆くのだ。そうではなくて、自分が得意なことをすればいい。何においても最高でいようなんてしないこと。

子どものころ、わたしは勉強が得意で、スポーツが苦手だった。どんなスポーツにも挑戦したけれど。双子の妹のケイは勉強が苦手だったが、スポーツは生まれつき得意だった。わたしたちは互いを誇りに思い、互いが成し遂げたことを認めていた。ふたりともうまくできないことがあるからといって、けっして自信を失ったりしなかった。

普段は自信があるのに最悪だった日に自信を失ってしまうなら、なぜ最悪だったのかを分析すること。どうして、自信を失ったのだろうか？　誰かに傷つくようなことを言われたから？　その人はあなたが傷ついたことに気がついた？　どうして、その言葉に動揺したのだろうか？　ほかの人があなたよりうまく仕事をこなしている姿を目にすることもあるだろう。あなたは自分の才能を発揮できるところで励み、自分より経験豊かで優れている人たちに教えを乞えばいい。

離婚後、わたしは幸福な家庭をつくり、子どもたちを幸せに育て、親切にしてくれる新しい友人ができ、栄養士とモデルで成功したことで、自信を取り戻した。

失った自信を取り戻すには、大きな変化が必要かもしれない。落ち込んでばかりいるのは、けっしてよい生き方とは言えない。ありのままのあなたを認めてくれる家族や友人や同僚たちに囲まれること。そうすれば、心から胸を張り、自信を持って歩けるだろう。

ADVENTURE

第2部

冒険

6

ジャカランダの季節

——自分の道を行こう

JACARANDA SEASON : Go your own way

たいていの人は普通の道を行く。でも、父は違った。とても変わっていた。世界じゅうを飛び回りたがった。父、ジョシュア・ホールドマンは探検好きで、車の運転だけでは飽きたらず、わが家はベランカ社製の飛行機とともに育った。その飛行機はキャンバス地で覆われたプロペラ機で、母の名をとって〈ウィニー号〉と命名された。

母の名前はウィニフレッドで、みんなからはウィンと呼ばれていた。とてもすばらしい女性で、わたしは年をとるにつれて、母の聡明さを思い知った。

母の両親はイギリスからカナダへ渡った移民で、母はサスカチュワン州のムースジョーという町で育った。父方の家族は１７２７年にスイスからアメリカのフィラデルフィアに移り住んだ。父はミネソタ州生まれで、４歳のとき、農場で暮らすためにサスカチュワン州のウォルデックに家族で引っ越した。

両親が出会ったのは大恐慌の直後だった。大恐慌時のカナダはひどい時代で、人々は子どものために食べ物や基本的な医療を求めて列をなした。生き抜くのに必死で、物々交換に頼ることも珍しくなかったという。父はアイオワ州ダベンポートでカイロプラクティックを学んでいた。賄《まかな》い付きの部屋を借りる代わりに馬を調教し、食品をもらう代わりにカイロプラクティックの施術を行ったそうだ。そのとき、母はまだ16歳。スタッフがたったふたりに減ってしまった『ムースジョー・タイムズヘラルド』紙で働いていたが、クビにならずにすんだのは、母の賃金がいちばん安かったからにすぎない。家族は母のわずかな週給で生計を立てていた。

20代になると、母はダンサーを志し、ダンスと演技を学ぶためにシカゴとニューヨークとバンクーバーへ行った。あの時代に女ひとりで列車に乗ってそんな長旅をしたなんて想像できるだろうか？　まさに大冒険だ！

大恐慌後、両親はどちらもサスカチュワン州レジャイナへ移り、事業を始めた。父はカイロプラクティック診療所を開設。母はダンス教室だ。わたしはいまでも、踊っている母や教え子たちが写っているダンス教室の写真が添えられた地元紙の記事を持っている。

そして、社交ダンスを習いに父がやってきた。父は母を気に入り、食事に誘う。

母はこう答えた。「生徒さんとはデートしません」。そこで父はダンス教室をやめて、もう一度食事に誘った。母は誘いを受けた。

結婚写真の両親はさえない格好をしているが、それはお金がまったくなかったからだ。母は地味なグレーのスーツ、父もスーツ姿だ。母の服はすべて自分で縫ったものだった。おそらく結婚式のスーツも自分でつくったのだろう。それでもふたりはいつも幸せで、結婚当初からいつも笑っていた。

両親はレジャイナで４人の子どもをもうけた。父には前の結婚で授かった息子ジェリーがいて、父そっくりだった。そのあと母との間に兄のスコットと姉のリンが生まれ、１９４８年に双子、つまりわたしとケイが誕生した。

両親は双子が生まれた１９４８年に、ベランカ社製の飛行機を購入する。２機めの飛行機だ。１機めの〈ラスカム〉を買ったのは両親がレジャイナからカルガリーまで車を走らせていたとき。父は〝売却中〟の看板とともに農場に置いてあった飛行機に目を留めた。お金はまったくなかったが、乗ってきた車があった。父は飛行機と車を交換し、母をレジャイナ行きの列車に乗せ、パイロットを雇って自分と飛行機をレジャイナに送らせた。

あいにく、父は飛行機に酔ってしまった。おそらく大恐慌時に馬の調教をしていたとき、内耳を損傷したせいだろう。父が回復して飛行機に慣れるまで、パイロットはときおり道路に着陸しなければならなかった。父は自分が操縦するときはけっして酔わないが、同乗するだけだと不安になったのだろう。

父が46歳のときだ。

飛行機を使うのはいつもサスカチュワンやアルバータ周辺だった。一度、遠くロサンゼルスまで飛んだが、スモッグのせいで空港を目視するのが難しかったらしい。当時の航行装置は現在のものとはちがった――大ちがいだ！　当時はロッキー山脈を越えるにも、素人《しろうと》パイロットの腕に頼るしかなかったのだ。

わたしが初めて飛行機に乗ったのは生後３カ月。アイオワで開かれた会議のために両親がケイとわたしを連れていったときだ。最初に寄ったのはエドモントン。なぜ知っているかといえば、地元紙にケイとわたしの写真が載っているからだ。新聞では〝空飛ぶ双子〟と紹介されている。

父はとても堂々としていた。怖いもの知らずで冒険好きで、わたしたちは心から信頼していた。父は何でも手本となって教えられる立派な人だった。長時間働き、思慮深く、親切。口数の少ない、心やさしい大男だった。父が亡くなったのは、息子たちがまだ幼く、わたしがトスカを身ごもっていたときだったので、わたしの子どもたちは父と会った記憶がない。子どもたちは３人ともよく口笛を吹き、わたしはその音色が大好きだ。年じゅう鼻歌をうたっていた父を思い出すから。わたしは幸せなときにしか口笛を吹いたり鼻歌をうたったりできないと思っているので、とても幸せな気分になる。

１９５０年、両親はカナダを離れることにした。南アフリカ共和国へ行っていた伝道師たちと会い、とても美しい国だと聞いたからだ。ふたりは飛行機と１９４８年型キャデラックと、子どもたち全員と荷物を貨物船に乗せ、2カ月かけてアフリカへ向かった。2歳の双子と6歳と8歳の子どもを連れて、母がどうやって船旅を乗り切ったのかはわからない。でも、とにかく母はやり遂げた。

父は飛行機に関することは何でも自分でやっていたので、翼をはずして木箱に詰め、ケープタウンまで船で運んだ。飛行機を飛ばして周囲を探検できるように父が翼を取り付けているあいだ、わたしたちは全員、空港で待っていた。木箱の木材は、南アフリカに居をかまえて診療所を開いたとき、家具になった。数十年使いつづけた本棚もある。

父が内陸で暮らすことを希望すると、英語が通じるヨハネスブルグを勧められた。プレトリアではアフリカーンス語（オランダ語由来の南アフリカ共和国の公用語のひとつ）が話されており、そこで暮らすのは難しそうだった。だが、プレトリアへ行ってみると、ジャカランダの季節で、町じゅうにライラック色の花があふれていた。

これほど美しい光景は見たことがなかった。父はこう言った。「ここに住もう」

わたしたちはプレトリアの大きな木々（サスカチュワンでは珍しかった）のある家で育ったが、現地の人々はとても温かかった。アフリカーナー（南部アフリカに居住するオランダ系住民）は知り合いであろうとなかろうと、大人のことをみんな〝ウーアム〟〝タニー〟、つまり〝おじさん〟〝おばさん〟と呼ぶ。とてもすてきだとわたしたちは思っていた。

カナダでは、わたしたちは変わった一家だと思われていた。両親が小さな子どもたちを乗せて、キャンバスで覆われたプロペラひとつの飛行機で飛びまわっていたからだ。前代未聞だった。そして、南アフリカ共和国へ。そこでは、ますます変人だと思われた。ある人には「おかしなアメリカ人」と呼ばれた（もちろん、わたしたちはカナダ人だが、アフリカ人にとってはどちらも同じだ）。

わたしたちが変わり者だと思われたのは、自分たちのやり方を貫いたからだ。たんにほかの国から移住してきたからではなく、いつも自分たちのやり方を通していたから。ほかの人々と違うのは旅行をすること。ほかの子どもたちは制服を買ってもらうのに、わたしたちの制服は母の手作りだった。紅茶ではなくコーヒーを淹《い》れる。ほかの家庭では家に招く子どもの友だちを親が決めたのに、わが家では誰でも入ってこられるように裏口をいつも開けていた。ほかの子どもたちは学校のお昼に白パンのサンドイッチを持っていったのに、わたしたちは黒パンだった。わたしたちは売店で買い物をするお金をもらっていなかった。わたしはソーセージロールやイギリス風のミートパイが食べたかったけれど、お小遣いは使いたくなかったので、めったに買わなかった。それに、わが家にはキャデラックがあった。当時、父以外にキャデラックを所有していたのは、やはり外国から運び込んだ父の友人だけだった。それに飛行機もあった。これもまた父の友人以外、持っている人の話は聞いたことがない。

父はほかの人がしていることはけっしてやらなかった。自分がやりたいと思ったことだけをやる。母も同様で、父と知り合う前でさえ、自分の身を立てる道を切り開いていた。

　わたしが５歳のとき、両親はカイロプラクティックの会議のために飛行機でプレトリアからノルウェーのオスロへ向かい、途中でアフリカのほかの地域や、スペインや、フランスに立ち寄った。またロンドンにも寄り、父は現地にいる知り合いのカイロプラクターに会えたらしい。

　わたしが６歳のとき、両親はオーストラリアへの旅を計画しはじめた。自分たちで飛行機を飛ばして各地を周遊する４万８０００キロを超える旅だ。両親には普通のことだったが、隣人には普通ではなかった。そのうえ、飛行機にはＧＰＳも無線機もなかったので、ふたりは方位磁針を使って飛行しなければならなかった。両親の旅には綿密な計画が必要で、いつも前もって詳細に立てていた。物事が悪い方向に進む場合があると理解し、準備を整えておきたかったからだ。ＧＰＳがなければ、地図を念入りに調べる必要がある。無線機がなければ、頼りになるのは自分だけだという覚悟がいる。それだけの長距離を飛行するには多くの燃料が必要で、両親は燃料タンクを積み込むために飛行機の後部座席を取りはずした。海を渡ってオーストラリアへ行くとなると、予備の燃料が必要だからだ。機体の修理が必要になった場合に備えて、道具も載せた。父は愛機の修理のしかたを心得ていた。

　両親はとても慎重になることで、そうした旅を乗り切ってきた。飛行機に乗るときは気象条件を確認し、方位磁針を用い、地図を使って飛行し、低空で町のうえを飛び、標識を見て正しい目的地かどうかを確認する。ときには飛行場がなく、運動場や道路に着陸した。両親はわたしより勇敢だったが、ふたりがしてきたことを考えると、よく生き抜いてこられたと改めて驚く。

計画を立てたからといって、かならずうまくいくわけではない。悪い状況に陥ったら、計画を練り直せばいい。

両親はアフリカ沿岸を飛び、アジアと太平洋を越え、オーストラリアから帰ってきた。父と母とウィニー号だけで世界を求めて太平洋を越えて飛んだルートがわかる地図が、いまでも残っている。

その時点で両親が訪れた国は60ヵ国に達していた。そしてどこかに降り立つたびに、その地名が翼に書き加えられた。

子どものころ、わたしたちは何でも自分でやらなければならず、それは当時でも珍しいことだった。

まだ４歳のときでさえ、双子の妹とわたしは手をつないで歩いて幼稚園へ通った。６歳だった姉のリンに連れられて３つの道路を横断し、１キロ近い道のりを歩く。幼稚園は姉の学校より３００メートルほど遠かったので、残りの道はケイとふたりきりだ。帰りは学校まで歩き、リンを待つ。そして、またリンに連れられて帰る。

わたしたちは自立するよう促されていた。

兄のスコットは両親と一緒に旅行したことを覚えているという。３人は中央アフリカから、ウガンダ、ケニアへ向かい、ナイロビ、ザンジバルへと飛んだ。スコットによれば、ナイロビとザンジバルではひとりで町を歩くことを許されたそうだ。兄が言うように、いまなら児童虐待だと言われるだろう！　でも、わたしたちにはまったく普通のことだった。

どの旅行でも、忍耐が求められた。わたしが初めて馬に乗ったのは、現在ではレソト王国となった場所だった。山岳地だ。数日かけて１００キロ近く移動した。プレトリアで生まれた弟のリーはまだ5歳で、母のうしろに乗った。スコットは17歳だった。

長時間、何日も馬にまたがる過酷な旅で、雨にも降られた。火をおこせないので、食べられるのは缶詰とパンだけ。睡眠時間も限られた。夜になると牛が顔を舐め、毛布を奪うからだ。

だから後年、わたしは狭いアパートメントで子どもたちと暮らしても苦にならなかったのだろう。ソファベッドは最高に快適とは言えないけれど、頬についた塩を牛の舌で舐めとられるより、家のなかでぐっすり眠れるほうがはるかに楽だ。

つねに期待に応える必要はない。自分の道を行けばいい。わたしは子どものころにその教えを受け、大人になっても活用している。栄養士の資格を取ったあと妊娠して、仕事を探しに行けなかったので自ら開業した。同業者たちは最低5年は病院で勤めてから独立すべきだと眉をひそめた。でも、わたしはそういう意見には従わなかったし、食生活の改善を手助けできたことがうれしかった。だからこそ、いろいろな国を渡り歩いて、何度でも一から栄養士の仕事を始められたのだろう。移り住むのは大変だけど、おもしろくて、わくわくすることなら試してみたいと思う。毎日同じことをして、同じ職場にとどまって、同じ場所で暮らしていても幸せなら、そのままでもかまわない。

でももし、不安だったり楽しくなかったりして変化を起こしたいなら、あなたができること、暮らせる場所、いちばん満足できる仕事を探したほうがいい。新しい場所について知り、新しく知り合った人たちと交われば、見聞が広がって幸せになれるはず。

父はいつもこう話していた。「ホールドマン家の人間にできないことはない」。わたしも、きょうだいたちもずっとそう信じてきた。子どもたちにもそう示してきたつもり。マスク家の人間にできないことはない、と。

7

探検

——予想できることは計画を立て、予想できないことに備える

EXPLORATION : *Plan for the expected, and be ready for the unexpected*

毎年7月になると——南アフリカでは冬だ——わが家はカラハリ砂漠の「失われた都市」を探しに行った。当時、ボツワナは「ベチュアナランド」と呼ばれていた。父が飛行機を操縦し、母が車を運転することもあれば、家族みんなで方位磁針を持ってトラックに乗り、3週間かけてカラハリ砂漠を横断することもあった。母は車に3週間分の食糧と水とガソリンと5人の子どもたちを積み込んだものだ。

父が「失われた都市」を探す気になったのは、19世紀末に牛に引かせたワゴンでカラハリ砂漠を横断したカナダ人、ギレルモ・ファリーニが書いた本がきっかけだった。そこには、「失われた都市」の遺跡を発見したと書かれていた。ファリーニはナイアガラの滝で綱渡りをしたことでも知られていて、いつも冒険を求めていた。

父はファリーニの道程を車でたどりたいと考え、それがわが家の7月の行事になった。いまに

なって思う。5人の子どもを連れて3週間も砂漠へ行くなんて想像できる？　もちろん、母は行かなくてもよかった。選択の自由があった。子どもたちと家に残ることもできた。だが、どちらにしても父が行くことは変わらず、母は父をひとりにしたくなかったので、全員で行くことにした。

　父と母が守ってくれていたので、砂漠へ行くのを怖いと思ったことはない。ハイエナに顔を食いちぎられるかもしれないと言われたときでさえ、寝袋をきちんと閉じただけだ。砂漠で恐ろしいことが起きるなんて、まったく考えていなかった。きっと両親が安全について話し合い、いつも準備を整えていたからだろう。両親はありとあらゆることを想定していた。わたしが荷造りについて何も考えなかったのは、母がすべて仕切っていたから。いま思えば、母は5人の子ども全員分の着替えと食糧と水など、細かいところまで考えなければならなかったはずだ。そして父は地図、方位磁針、ガソリン、車を修理する工具を用意しなければならなかった。ほんとうにすごい。

　すべてが前もって考えられていた。3週間分の水。野菜とフルーツの缶詰。生鮮食品は優に1週間分は用意していったが、それ以上は持っていけなかったので、その後は当然ながら手に入らない。

　そういうときこそ、わが家のモットー〝人生は大胆かつ慎重に〟が試された。当然ながら、物事が悪い方向に進むことだってある。だからこそ、どんなことが起こりうるのかを予想し計画を立てて備えるのだ。

遭難する可能性があるのはわかっていた。カラハリ砂漠で命を落とした人たちの墓を見かけることもあった。父はときおり通訳のためにガイドを雇ったが、あまりにも多くの部族が存在し、それぞれが異なる言葉を話していたので、たいていは家族だけで行った。当時のボツワナはイギリス領ベチュアナランドであり、ラクダに乗ったパトロール隊がいた。両親は小さな町から出発し、別の小さな町に到着するように旅程を組んでいた。そうすれば、わたしたちが砂漠にいることも、いつ到着するかも、パトロール隊にわかるからだ。わたしたちが3週間で砂漠の反対側に着かなかったら、いつでも捜索できるよう準備が整えられていた。

タイヤが砂に埋もれてしまう恐れがあることもわかっていたので、父はシャベルを車に積んでいた。埋もれたら、自分たちで掘り出さなければならない。そして茂みに隠れた穴を避けるために、子どもたちが順番に車の前を走り、穴や切り株がないことを確認した。道がないからだ。トラックが故障した場合の修理道具もあった。溶接用のコテもあったので、切り株に衝突したときには、父と兄のスコットが火をおこしてコテを熱し、車を修理してくれたおかげで、旅を続けられた。

問題はとつぜん起こる。でも、何が起こってもわたしたちは慌てなかった。問題を解決し、先に進む。一度ガソリンが飲用水に混じってしまい、ほかに飲めるものがなく、ガソリン入りの水を飲んだことがあった。きれいな水が手に入るとすぐに、それを飲んだ。でも、それだけのことだ。

毎日、夜明けに起き、荷造りをして、暗くなるまで走ってテントを張った。食糧を入れておくテントもあった。

家族全員に役割があった。ケイとわたしは乾いた枝を集め、兄は火をおこす。母は水、粉末卵、粉末ミルク、小麦粉、ベーキングパウダーを混ぜて、大きな鉄鍋でスコーンを焼いた。砂漠の真ん中で、焼きたての温かいスコーンを食べたのだ。そのために、どれだけの準備が必要だったことか。わたしたちにおいしいスコーンを食べさせるために、母が前もってどれだけの準備をしたのか、大人になったいまならわかる。

父は食糧にするための動物を週に1頭だけ狩ることができる免許を持っていた。わたしたちはシカやホロホロドリを撃ち、自分たちが食べて残ったら、通りかかった部族に分けた。そして家族全員がカラハリ砂漠で狩猟の訓練をした。いちばん上手だったのは母だ。

必要なものはすべて持っていった。ケイとわたしはボウル1杯の水で朝晩の洗顔をすませた。砂漠は夜になると冷え込んで水が凍るので、朝は氷を割って手と顔を洗わなければならなかった。わたしたちは家の快適さがまったくない状態で生きることを学んだ。それで生きなければならないとなったら、どうにか生きていくものだ。

トイレは茂みですませた。シャワーはなし。砂漠なので平気だった。両親が次の進路を相談しているあいだ、子どもたちは本をたくさん読んだ。本に顔を突っ込んで読みふけっているわたしたちの写真が何枚も残っている。

確実に学んだのは、快適さは必要不可欠なものではないということ。ほんの少しで用は足りる。いつだって支出を抑えられると学んだのは、このときだ。借金はしない。贅沢に暮らしている人々を羨まない――最善を尽くし、生き残るために闘うだけ。うまくいったら、成功できるかもしれない。

冬のある日、わたしたちはヘンドリックという名のガイドを雇った。ヘンドリックは動物は火に近づかないのでいちばん安全だと言って、火のそばで眠った。

だが、ある夜、父がテーブルに置いてあった石油ランプをつけると、キャンプしていた場所にライオンがいた。父はゆっくりテントに戻って言った。「ウィン、ライオンだ。トーチと銃をとってくれ」（父はいつも懐中電灯のことを「フラッシュライト」ではなく「トーチ」と呼んでいた。だから後年カナダへ戻ったとき、わたしたちは言葉の選び方を直さなければならなかった）ライオンが火のそばにいたヘンドリックに近づいていく。だが、不運なことにライオンはルールブックを読んでいなかった。ライオンは火に近づいてはいけないと知らなかったらしい。

父が叫んだ。「ヘンドリック！　ライオンだ！」

ヘンドリックは毛布から出て火を飛び越えてどなった。「フーチェク！」。〝あっちへ行け！〟

という意味だ。ライオンはキャンプしていた場所からゆっくり出ていき、父が頭上を狙って銃を2発撃っても動じなかった。キャンプ地の外ではもう1頭のライオンが待っていた。父が車に乗って追い払うと、その2頭は隣の砂丘にのぼり、朝のあいだずっとこちらを見ていた。

弟のリーは自分だけが車のなかで寝かせられたことを覚えている。リーはいちばん小さく、いちばんおいしそうに見えたので、守らなければならなかった。

父がおびえている様子はなかった。おびえていたとしても、そうは見えなかった。そんな父だったからこそ、家族は安心できた。

カラハリ砂漠ではたくさんの動物と虫を見た。トビカモシカ、ヌー、トカゲ、蟻塚《ありづか》のアリ、ハゲワシ、その他の猛禽《もうきん》。母がサソリに刺されたときには、止血帯をして血を吸い出さなければならなかった。リンがダチョウに追いかけられたこともある。見ものだった。もちろん、ハイエナもいた。あれは怖かった。とても獰猛《どうもう》だから。

ある朝、一緒にオカヴァンゴ川に沿って歩いていると、スコットが食用にするためにホロホロドリを撃った。獲物は川に落ちた。わたしはスコットに言われて、泳いでホロホロドリをとりにいった。川からあがると、足の下が動いた。ワニだ。川にはワニがたくさんいるなんて、ちっとも知らなかった。びっくり仰天したけれど、いまこうして生きているということは、大きな問題はなかったということだ。

父は「失われた都市」を発見したかったのだろうが、結局見つからなかった。父はカラハリ砂漠へ12回行った。わたしが行ったのは8回。「失われた都市」を見つけられなくてもわたしが落胆しなかったのは、両親ががっかりした顔を見せなかったからだ。わたしたちはたくさんの冒険をして、家族みんなで楽しい時間を過ごしたのだから。

目標を抱くのはけっこうだ。でも目標を達成できなくても、かまわない。

父は知らない場所を探検し、新しい文化を知り、新しい土地を発見するのが好きだった。父も母も学ぶことをやめなかった。父は道のない場所を走り、砂漠で道を切り開くのが大好きだった。いつも方位磁針に従っていた。けっして迷わなかった。いつも父が目指した場所に着いたのだ。

8

やらない理由なんて、ある？

——チャンスに「イエス」と言おう

WHY NOT?: Say yes to opportunities

高校生のとき、進路について考えた結果、理系の学問を学んでみようと思い立った。医学か、微生物学か、生化学か。すると父から、４年で卒業できて、専門知識も身につけられる分野がいいとアドバイスされ、栄養学を専攻することに決めた。

大学に進学し、３年生になったとき、同級生が言った。「バール川の女王に推薦するから！」

「何、それ？」

ほんとうに知らなかった。

するとその彼が、美人コンテストだと教えてくれた。美人コンテストなんて一度も出たことがない。そこでわたしは、勉強ばかりしている学生だから、美人コンテストなんてふさわしくないと説明した。

ところが彼は、おもしろ半分にわたしをコンテストに推薦してしまった。わたしは美人コンテストなんて好きではなく、ほんとうに出場していいのか迷った。でも、とりあえず参加してみよう。やらない理由なんてない。

きっとすぐに、参加したことすら忘れてしまうようなことだろうと思っていた。けれども、そのコンテストがわたしの人生を変えた。

参加してみてほんとうによかった。そのおかげで、ヨハネスブルグのモデル事務所に入ることができたのだから。そしてはからずも、モデルは生涯つづける第二の職業になった。

美人コンテストが開催される建物に着いたときに初めて、ほかの女性たちがこの種のコンテストに真剣に取り組んでいることを知った。わたしはただの学生で、美人コンテストというのは栄冠を勝ちとるために時間とお金をかけて準備するものだなんて知らなかった。ほかの参加者たちはみごとだった。髪をきちんと整え、メイクはプロの手を借りている。それに、水着も。

わたしは自分で用意した水着を身につけ、自分で髪を整えてメイクを終えた。家族全員が会場に見にきたのは意外だった。

舞台裏で、順番を決める話し合いが行われた。

「最初はいや！」トップバッターに選ばれた子が言った。

「じゃあ、わたしが最初でいいわ」。不安ではなかった。自信があったわけではなく、ランウェイを歩くことなんてたいしたことではないと思っていたからだ。その日は、大学の試験のことを考えなければならなかったし、ボーイフレンドに浮気をされたばかりだった。そのほうが大きな問題だった。全員がランウェイを歩き終えると、ケイが泣きながら言った。「あなたがいちばんよかった！」

「あら、そう」とわたしは答えた。

それなのに、なんと、優勝してしまった！

コンテストで優勝して自分をモデルとして売り込もうと考えていた参加者のなかには、ひどく腹を立てている人もいた。わたしはといえば、優勝したのはうれしかったけれど、ひとつのおもしろい経験にすぎないと思っていた。副賞は１００ランド（当時のレートで約１５０ドル）。それに、ヨハネスブルグのモデル事務所との契約と、ヨハネスブルグのモデル学校の授業料。ボウリングの無料券も10枚。

おかしなことに、みんなが写真を撮り終えたあとは、パーティーも何もなかった。そのまま解散。だから、副賞のチケットを使って家族でボウリングをして楽しんだ。

優勝したあとは、想像していたのとは違うことばかりだった。プレトリアから50キロしか離れていないヨハネスブルグで写真を撮影することになるなんて、思ってもみなかった。そこはいわば、モデルの聖地。わたしは姉の車でモデル学校に通いはじめた。そして、モデルに必要な技術とプロ意識を身につけた。

モデルの仕事を引き受けることと、学位の取得を目指すことは、まったく別物だった。わたしは、栄養学を学んで、栄養士として事業を立ち上げたいと思っていた。モデルとして働けば臨時収入が入るけれど、メインの収入源として当てにしたことはない。それでもモデルを続けたのは、仕事自体がおもしろかったし、ファッション業界にいることができたし、クリエイティブな人々に出会えたから。

わたしは、モデルの仕事からとても大きなものを得ている。モデルになったおかげで、栄養士として働いているだけでは知り合えない、異なる世界の仕事仲間や友人ができた。また、オーディションや撮影は世界じゅうで行われるので、あちこちに行くこともできる。

いまのわたしは、何かを依頼されたら、それほど考えずに「イエス」と答える。興味を持てたり、いまの状況が改善されそうなら、いつだって「イエス」と答える。

変化を起こしたいなら、こう言ったほうがいい。「やらない理由なんてない」

当時、美人コンテストに出場するのは、「やらない理由なんてない」ことのうちでも、ささいなことにすぎなかった。でもときには、重大な人生の転機でも、「やらない理由なんてない」と言うのが正しい場合がある。

わたしの娘のトスカは、37歳のとき、そろそろ子どもを産もうと決意した。トスカはずっと、自分の仕事と生活を第一に考え、子どもを持つという決断を二の次にしてきた。ところが、年齢的に子どもを産める可能性が刻々と低くなっていくのを実感しはじめ、そのいっぽうで、子どもをつくるためだけに誰かと結婚するつもりはなかった。トスカは、体外受精をして自分ひとりで子どもを産みたいと言い、わたしたち家族もそれを応援した。

当然ながら、「子どもはひとりで産むものではない」とトスカに忠告する人もいた。ひとりきりで乗り切るのはあまりにも大変だ、正しい選択ではない、仕事に悪影響を及ぼすし、子どもにもよくない、と。けれども、そういう人たちは勝手に怖がっているだけ。無関係な人があなたの人生に口出ししてきたからといって、決断の根拠にはしないこと。

わたしはたしか、こう言ったはず。やってみなさい、と。精子提供者を見つけるのを手伝ってあげるから！　それに、男がかかわらないほうがずっと簡単だと伝えた。わたしは、娘が妊娠検査を受けたときも（検査は何度もあった）、落胆したときも（悲嘆に暮れたことも）、ずっとそばにいて、それはかなり大変なことだった。受精卵を子宮に戻したあとは4日間の安静が必要だったので、わたしはニューヨークから駆けつけた。その週はトスカの引っ越しも重なっていた。トスカがソファで横になってドラマの『ザ・ホワイトハウス』を観ているあいだ、わたしは荷物をすべて、リサイクルショップ行きとゴミ箱行きに仕分けして、12個の大袋に詰めた。トスカの38歳の誕生日、受精卵がふたつとも着床し、妊娠していることがわかった。妊娠はひとりでもけっして楽ではないけれど、双子はさらに大変。トスカの愛らしい子どもたちのおかげで、わたしたちの毎日は明るくて、刺激に満ちている。体外受精を行ったすべての女性に大きな拍手を！　とても大変だけれど、それだけの価値がある。

子どもを産んだことは人生最良の決断だったと、トスカは語っている。子どもたちのおかげで、地に足のついた生活ができている。子どもたちがいるから、世の中をそれまでとは違う目で見られるようになった。子どもたちのために、どうしたらこの世の中をよくできるだろうか、子どもたちのために何ができるだろうか。そう考えることで、トスカは高慢になることなく、生きる意欲を持てている。

仕事については、たしかに大変になった。トスカは映画製作のために世界じゅうを飛びまわっている。子どもたちもそれに同行して、世界各地で経験を積み、母親が一生懸命働く姿を目にしている（わたしが懸命に働いていた姿を子どもたちが見ていたのと同じように）。だから、そんなときはわたしが孫たちの面倒を見る。

チャンスの大小にかかわらず、「やらない理由なんてない」というあなたの考えに対して、やらない理由を見つけてくる人がいる。でも、そのときに考えるべきなのは、どうしたらあなたが幸せになれるか、ということ。自分のために人生の扉を開いてほしい。試してみないかぎり、何もわからないのだから。

9

女は計画を立てる
——自分の人生に責任を持ち、幸せを追求する

A WOMAN MAKES A PLAN :
Take charge of your own life and aim for happiness

わたしが育った家にはいつも、やさしさと思いやりがあふれていた。ところが世の中に出ると、現実という試練に直面することになった。きょうだいでよく、人間という生きものがどれほど恐ろしいか、家を出てみて初めて知ったと、笑いながら話したものだった。わたしは、誰もが善良であると信じていた。だから苦しんだ。残念なことに、自分を守る方法を学ぶのに長い時間がかかってしまった。

わたしは、両親と暮らしていたプレトリアの大学に入学した。カナダ出身の両親のもとで育ち、家では英語を話していたけれど、わたしが学びたかった栄養学の学位はアフリカーンス語で授業が行われる大学でしか取得できなかった。授業もアフリカーンス語なら、何もかもがアフリカーンス語だ。言語を理解するのが難しかったせいで、ほかの誰よりも必死に勉強しなければならなかったし、友人をつくるのも大変だった。

でも、16歳のときから、別れてはまたよりを戻す恋人はいた。数学と科学が得意で、わたしより成績がいい。彼はわたしと「結婚したい」と言いつづけていた。

その恋人がほかの女の子と浮気していたことを知り、わたしはひどく動揺して、食事ものどを通らなくなった。1週間、泣きつづけた。悲しみのあまり、5キロ近くも痩《や》せてしまった。バール川の女王を決める美人コンテストに参加してプロのモデルとして訓練を受け、学校以外での人生を手に入れたのはそのときだ。モデルの仕事をするためにヨハネスブルグに行き、それなりに成功をおさめた。〈ミス・LMラジオ〉にもなった。ヒットランキングの上位20曲を流すかっこいいラジオ局だ。

〈ミス・南アフリカ共和国〉の最終選考にも残った。アフリカーンス語で勉強することに疲れきっていたので、優勝したら大学をやめられると思っていた。大学4年生のときは、つねにストレスを感じていた。母国語以外で物理と化学を勉強するのがどんなに難しいことか、まったくわかっていなかった。気持ちをなだめるために食べつづけ、あまりに食べすぎたせいで、大学を卒業するときには体重が93キロになっていた（幸いなことに、ミス・南アフリカには選ばれなかった）。

就職するために面接試験を受けはじめたものの、関心を抱いた仕事があっても、学歴が高すぎるか低すぎるかのどちらかで採用されない。そうこうするうちに、ある面接会場で、ケープタウンで栄養学の専門家を探している食品会社の経営者を紹介された。わたしはその仕事を引き受け、ケープタウンに引っ越した。それが21歳のとき。

別れては復縁する恋人とは、１年も会っていなかった。そんな彼が、婚約指輪を持って訪ねてきた。わたしのことを愛していて、これからは大切にするという。それに、結婚してくれたら自分は変わる、とも言っていた。

でも、わたしはそのプロポーズを断った。

すると彼は、プレトリアに引き返すとわたしの両親に会い、ふたりで結婚することに決めたと話したという。両親はわたしたちが付き合っていると思っていなかったので、とても驚いたみたい。実際、付き合ってなんかいなかったのだけれど……。

故郷では、長く付き合っていたケイとその恋人が、結婚の準備を進めているところだった。父は、２組が同時に結婚式を挙げることを提案した。名案だ！　みんなが賛成すると、すぐに準備が始まり、招待状が発送された。

わたしはといえば、「おめでとう！」という電報をもらって初めて、自分が婚約したことを知った。ほんとうにびっくり！　電報はこう続いていた。「結婚式はひと月後だから、仕事を辞めて帰ってきなさい」

１９７０年代の南アフリカでは、男性が女性の父親に結婚の許可を得ることも多かった。父は、元恋人との結婚をわたしが承諾したと聞いたので、何もおかしいとは思わなかったという。

彼にとっては絶妙なタイミングだった。当時のわたしは、孤独で、ぎっくり腰に悩まされていた。体重が増えたせいで、まったく自信を持てなかった。自分の外見が大嫌いで、もう誰もデートしてくれないと思っていた。だから、言われたとおりに仕事を辞め、荷物をまとめて実家に戻ることに決めた。

プレトリアに戻っても、彼が変わったようには見えなかった。相変わらず高圧的だった。結婚式をどうしたらいいのか、わたしにはわからなかった。ところが、どんどん式の準備が進んでいく。姉のリンは、わたしの体型を隠せるように、たっぷりのシフォンを使ってウエディングドレスを仕立てていた。2、3週間後には、８００人もの参列者がやってくる。両親の友人たち、ケイの友人たち、ケイの婚約者の友人たち、それに、わたしと彼の友人たち。どうしたら結婚式をとりやめられるのかわからず、もう逃げられないと心のなかで思った。

わたしたちは2組で一緒に式を挙げた。覚えているのは、ケイと新郎がとても幸せそうだったこと。わたしの夫となった人は、幸せそうなふたりのせいで自分が目立たなくなったことに猛烈に腹を立てていた。

それから数年間は地獄の日々だった。あまりにもつらかったので、その数年間については触れたくない。思い出すと、怒りと憎しみが湧いてくる。その時期について語った夜はうまく寝つけない。眠れない。でも、人生が楽なものだなんてふりをしたり、ほのめかしたりしたら嘘になる。

人生はけっして楽じゃない。残酷で無慈悲なこともある。そんな状況に陥ったら、逃げ出そう。できるだけ早く逃げて。

　これまでの人生で、わたしは男たちから傷つけられ、何度も自信を失った。解決策が見えなくなった。でも、かならず暗いトンネルを抜ける道を見つけることができた。わたしが特別に強いからではない。よくそう言われるけれど、自分ではそうは思わない。強いほうだとは思うけれど、強い気持ちになれないときも多い。立ち直るには時間がかかった。でも、最後は立ち直った。もっとつらい経験をしている女性たちもいるだろうけれど、自分の体験を語るのは、悪い状況から抜け出せることを知ってもらうため。経験したことを話すのは、変化を起こして、いまより幸せな人生を送るための発想と自信を得てほしいから。わたしたちはみな、幸せな人生を送る権利があるのだから。

　結婚してすぐに、主婦の役目はすべてをすることだと知った。わたしたちは結婚式の夜にヨーロッパに飛んだ。しかも、わたしの貯金で。節約のために安いチケットを買い、ジュネーブにいる夫のいとこの家に泊まった。がんばれば１日５ドルでヨーロッパを旅行できる時代だったので、それを目標にしていた。

　わたしが荷解きをして、荷造りをした。料理も。夫が座って『プレイボーイ』誌を読んでいるあいだに掃除をした。『プレイボーイ』は南アフリカでは発行を禁じられていたので、ヨーロッパで許されていることを夫は喜んでいた。

新婚旅行中に、初めて夫に殴られた。呆然《ぼうぜん》としていると、夫はさらに殴ってきた。すぐに帰りたかったけれど、夫がパスポートを持っていたので帰れなかった。

帰国したあと、家族に「みんなの言うとおりだった。彼は怪物のような男だった」と打ち明けることも考えた。でも、恥ずかしくてできなかった。まもなく、朝になると吐き気を催すようになり、妊娠に気づき……。新婚旅行の2日めに身ごもったのだ。彼との結婚がまちがいだったことは明らかだったが、白紙に戻すのは不可能になった。

夫は、わけがわからないことで残酷になった。イーロンが生まれる直前に、夫は飛行機の機体を塗り直すと言い出して、わたしも手伝った。陣痛が起きるたびに、わたしは手を休めた。すると、夫はこう言った。「陣痛のたびに休まなくたっていいだろう?」

陣痛が5分おきになるまで、夫は病院に連れていってもくれなかった。

「おまえは怠け者で弱虫なだけだ」

そのあと病院に行き、自然分娩《ぶんべん》で激しい陣痛に苦しんでいたとき、看護師が夫に言った。「腰をさすってあげてください。少し楽になるから」

夫はこう返した。「どういう意味だい？　腰をさすってもらいたいのはこっちさ。この椅子を見てみろよ。おれは帰る。生まれる5分前に電話してくれ」

そんな男だった。

20代の初めはとても忙しかった。午前中はエンジニアの夫のために仕様書をタイプで打ち、経理の事務作業に没頭した。それに、小規模ながら自宅で食生活カウンセリングをしていた。そしてイーロンのあとにキンバルとトスカを産み、3年と3週間で3回の出産を経験した。仕事のほかに、子どもの世話をして、家のなかを整理整頓し、料理と掃除をするのがわたしの役割だった。そうこうするうちに、両親が実家の隣の敷地を使わせてくれることになり、わたしたちは家を建てることになった。わたしは自分の貯金で買った小型トラックを持っていたので、それにレンガとセメントと材木を積んで現場に運んだ。

当時はシートベルトがなかったので、運転席の隣で子どもたちがごろごろと転がっていた。そして、父の知り合いの大工さんに手伝ってもらって家を建てた。

バスルームの壁にタイルを張っていたとき、お腹が大きかったことを覚えている。

家が完成すると、週末はそこで過ごした。

父が自家用機の事故で死んだのは、トスカがまだお腹にいたときだった。義理の弟、つまりケイの夫も同乗していて、ふたりとも亡くなった。

夫は、父の遺産がどのくらいもらえるのかを知りたがった。

「何ももらえないと思うわ。母がすべて相続するでしょうから」

「そんなのはおかしいだろう。おれは、おまえの母親に大金をやるために結婚したわけじゃない」

結局、母はわたしたちに父の飛行機をくれ、週末用の家を建てた土地をとても安く売ってくれた。

それでも夫はもっと欲しがり、ひどく腹を立てていた。

しばらくしてケイが再婚することになった。ケイの夫はカイロプラクターの資格を持っていたので、自宅の隣にあった父の診療所を買いとった。でも夫は、ケイがわたしより多く遺産を手にしたと思い込んで激怒した。

それから2年間、夫は、わたしが家族と話すことを許さなかった。家族はわたしの子どもたちに会うことを禁じられた。母が電話をかけてくるたびに、わたしはすぐに別れの挨拶《あいさつ》をして受話器を置いた。

すると、夫はこう言う。「男だな。男からの電話だろ」。そしてわたしを殴った。

男じゃない、母からよ。たとえそう言っても、それを理由にまた殴っただろう。

夫はわたしと家族を切り離した。あまりにも惨《むご》い時期だった。

仕事が好調になると、夫は自動車や飛行機やボートを次々と買いはじめた。お金があることを見せびらかしたかっただけだ。

結婚しているあいだ、わたしは1日に何度も、退屈でバカで醜いと言われつづけた。わたしはこんなふうに思っていた。「そうね、退屈なのはどうしようもないかも。でも、理学士の学位を持っているのだから、そこまでバカではないはず。それに、美人コンテストで優勝してモデルまでやったのだから、そこまで醜いとは言えないはず……」。でもけっして口にはしなかった。口に出したら、また殴られるから。

でも、ときどき夫は言った。「おまえの考えていることなんて、お見通しだ」。そしてそれを理由にまたわたしを殴った。

20代半ば、わたしは建設的な人間関係について書かれた『I’M OK－YOU’RE OK』（トーマス・A・ハリス著）という本を読んで、力と希望をもらった。ところが夫は、わたしからその本を取りあげようとした。わたしがその本を読むのが、気に食わなかったのだろう。

わたしたちはときおり食事にゲストを招いた。パンを焼くことも含めて、料理はすべていちからつくらなければならなかった。わたしは料理が嫌いだったけれど、レシピ本というものがある。書いてあるとおりにつくれば、驚くほどおいしくなる。

ゲストの前で夫が意地悪い話をしてわたしを侮辱するので、誰も二度と来ることはなかった。誘いを断られると、夫はこう言ったものだ。「ほらな。料理はまずいし、おまえは退屈だから。それで、みんな二度と来ないんだ」

子どもができたあと、わたしはモデルの仕事をしていなかった。モデルに戻れるとは思っていなかった。たとえモデルの仕事を頼まれたとしても無理だった。なぜなら、あざがあったから。

3組のカップルと一緒にオクトーバーフェスに行ったことがある。みんながビールを飲んで楽しんだ。ほかの3人の女性はとても華やかだった。わたしは地味な格好だったけれど、わたし以外の女性はとてもきれいに装っていた。

わたしたちがトイレに立つと、隣のテーブルの男たちが口笛を吹いた。「美人だな、みんなセクシーだ」。そんなことを言われたと思う。

すると、夫がわたしを怒鳴りつけて、ふしだらだと言いだした。そして、みんなの目の前で、わたしに殴りかかろうとしてきた。

夫は自制心を失っていた。最初は家で殴るだけだった。それがしだいにひどくなり、人目があるところでもわたしを殴るようになった。

友人の夫たちは、夫をわたしから引きはがし、友人の妻たちはわたしを母のもとに連れていった。母は午前2時に窓を叩くわたしを見て驚いた。2年ぶりだったからだ。

翌朝、夫が母の家にやってきた。夫はわたしを帰してくれるよう頼み、泣いてあやまった。

それに対して、母は言った。「二度と娘に手をあげないで。さもなければ、連れて帰るから」。母はわたしが殴られたことに激怒していた。そして、わたしがどうして悲惨な結婚生活について打ち明けなかったのか、理解できなかったようだ。わたしは恥ずかしかったのだと思う。それに、夫がわたしの家族を傷つけるのが怖かった。

夫は母の言うことを聞き、その後はわたしを殴らなくなった。それまでは子どもが近くにいるときにも殴られていた。2歳と4歳だったトスカとキンバルは部屋の隅で泣き、5歳だったイーロンはなんとか父親を止めようとして、夫の膝の裏側を叩いていた。だから、まだ記憶に残らない可能性がある幼いうちに暴力がなくなってほっとした。その後は言葉の暴力だけに耐えればよくなった。肉体的な暴力がなくなると、言葉の暴力は悪化した。でも、痛みとあざからは逃げられた。

レティーから電話があり、モデルの仕事をやれるかときかれた。もうあざはなく、わたしは引き受けた。夫はひどく怒った。あるショーのときについてきて、わたしが仕事をしているあいだ、柱の陰に立って監視していた。そして舞台裏に来て、美容師がわたしの髪を整えているところを目にした。夫はわたしの髪に触れた男を叩きのめしたかったらしい。わたしのすることなすこと、すべてを支配したがった。

夫は、離婚するつもりならカミソリでおまえの顔を切り、子どもたちの膝を銃で撃ってやると脅した。脚の不自由な子どもの世話と顔の傷で、モデルの仕事を続けられなくするためだ。恐ろしくてたまらなかった。なかなか離婚できなかったのは、おびえていたからだ。

それに、別れられるのかどうかわからなかった。裁判で勝てる見込みがなかったから。当時の南アフリカの法律はわたしには不利で、離婚できる法的な根拠がなかった。男が女を虐待することは離婚理由にならなかった。それどころか、男とはそういうもので、それでこそ男になれるのだと、少なくとも思い込まされていた。
「修復しがたい婚姻破綻」を定める法案が議会を通過した年、わたしは「やっと離婚できる」と口にした。とつぜん、逃げ出す機会が訪れたのだ。

どこに行くか、決めなければならなかった。母のもとに戻ることもできたけれど、危険にさらすことになる。夫に母を追わせたくなかった。わたしたちは両親の家の隣に建てた週末用の家を売り、ダーバン近くの辺ぴな場所に別荘を買っていた。子どもたちを連れて、その家に住むことにした。

その選択肢があったのは幸運だった。ダーバンの家を購入したとき、夫の弁護士がわたしの名義にするように提案したのだ。

夫は弁護士に言った。「いや。何ひとつ、こいつの名義にはしない」

弁護士は、夫は自宅とヨットと飛行機と6台の車を所有していると指摘した。どれも夫名義だ。何か悪い事態が起こって誰かに訴えられたら、すべて失ってしまうかもしれないと。
「別にかまいません。夫の名義にしてください」。わたしは言った。
「ほんとうにおれの名義にしたいのか？」と夫は言った。

「ええ、どうぞ」

「わかった。こいつの名義にしよう」

家が自分の名義になると、わたしはどこかほっとした気分になった。頭金は支払っていたものの、まだひと月３００ドルの住宅ローンが残っていた。

わたしはとても恵まれていたのだと思う。法律が変わったとき、子どもと一緒に暮らせる場所があった。それが家を出られた理由のひとつだ。

わたしには貯金が少しあったので、住宅ローンを支払う自信はあった。結婚したとき、夫にはお金がなかったけれど、エンジニアとして成功して裕福になった。貯金も多かったけれど、わたしには彼ほどの貯金はなかった。それでも最初の数ヵ月、子どもに食べさせて住宅ローンを支払うお金は充分にあると考えていた。


結婚していたころ、わたしはずっと夫におびえていた。そして、離婚に向けて動いているあいだもずっとおびえていた。

離婚が成立するまで、夫はダーバンの家へやって来て、ナイフをもって街なかでわたしを追いかけまわした。

わたしが隣の家へ駆け込むと、女性がキッチンにいた。

「庭に行きなさい。友だちがいるから」と彼女は言った。

「女房を出せ」と言いながら、夫はナイフを持って駆け込んできた。

「お茶でもいかが？」彼女は言った。

あまりにも動揺していたせいで、ほかに何と言っていいのかわからなかったと、彼女があとになって語っている。

だが、何であれ、効果はあった。夫は妻に戻ってきてほしいのだと言って、泣きながら床に崩れ落ちた。

彼女は震えあがっていた。わたしもだ。その後、夫に対して接近禁止命令が下された。


わたしが望んでいたのは夫から自由になることだけで、わたしには食生活カウンセリングのクライアントでもある弁護士がふたりついていた。ひとりは離婚専門の悪辣《あくらつ》弁護士、ひとりは不動産専門弁護士。わたしは不動産専門弁護士と一緒に裁判に臨んだ。裁判を長引かせたくなかったからだ。早く終わらせたかった。お金はいらない。欲しいのは子どもたちだけ。

わたしは裁判所に出向くために、赤のミニスカートに白いブラウス、赤いハイヒールという格好で、髪とメイクをばっちり決めた。母はわたしを見るなり言った。「メイクを落として、髪を結って、リンのお古の服と、ぺったんこの靴をはいてきなさい」

わたしはぶかぶかの花柄のワンピースを着て、地味な格好で裁判所へ行った。

判事はほほえみ、慣れなれしい口調できいた。

「ご主人は本気であなたと離婚したいと思っているのかな？」
「書類に署名しています」
嘘はつけないので、離婚したがっているとは言えなかった。夫は離婚を望んではいない。でも、署名はしていた。

わたしが求めたのは子どもたちだけだったけれど、判事は夫の収入の５パーセントをわたしに渡し、子どもたちの教育費と医療費と歯科費用を負担するよう定めたが、夫はまったく払わなかった。また、わたしには子どもたちがいるので、４ドアの車を渡すようにとも決めた。夫は５台の高級車とわたしのトラックを所有していたけれど、見つけられたなかで最安値の車、窓が手動式でエアコンが付いていないトヨタカローラも購入していた。しかし、わたしにはジャガーかメルセデスのどちらかを選ぶように言ってきた。月に一度は夫が点検しなければならない状態の車だ。

それでまたこちらを支配しようという魂胆だとわかったので、わたしはトヨタを選んだ。まだ充分に使えるし、必要なところにどこでも行けるし、夫とかかわらずにすむ。

わたしはすぐに開業した。南アフリカでは食事療法に対する評価が高く、ダーバンの医師たちは喜んで患者を送り込んでくれた。モデルの仕事も引き受けはじめた。

お金にはいつも苦労していて、住宅ローンを払うだけでも大変だった。子どもたちには普通の服より安い学校の制服を着せた。自分にはいい服なんて買わなかった。買うのは古着だけ。

最初の数年は、月に一度、子どもたちが父親のもとへ行っていたので、かばんに服を入れて送り出していた。すると、服もかばんもなしで帰ってきたので、毎回新しい服を買わざるをえなかった。そんな余裕はなかったので、ほんとうに腹立たしたかった。

すべて、夫がわざとやっていた。すっかり貧乏になって子どもたちを養えなくなれば、いずれ自分のもとへ帰ってくると、彼はよく話していた。そして10年間、子どもたちの親権を求めて裁判を起こしつづけた。わたしは貯金をはたくことになったけれど、1日24時間、彼に耐えるわけではない。裁判も、そのためのあらゆる準備も、子どもたちを失う恐怖があっても、つねにおびえて暮らすよりましだった。

わたしはけっして戻らなかった。どんなに大変でも切り抜けること。そして逃げ出すこと。それだけの価値があるのだから。

誰かにおびえたり恐れたりして暮らしているなら、そこから脱出する計画を立てなければならない。不幸な関係にあるなら、別れるために何でもすること。わたしは誰かが変化を起こしてくれることを期待し、状況が変化することを期待して、長く待ちすぎてしまった。でも、自分で変化を起こすまで何も変わらなかった。

相手との関係を解消すると、楽になる前に、かえってつらく感じるかもしれない。とてつもない孤独に襲われても、耐えること。孤独を感じたら、友だちを訪ねてみる。家族に電話をかけてみる。新しい仕事に就いてみる。映画を観てみる。違う町に引っ越してみる。

よい計画には、お金のことなど細かい点まで含まれていることが必要だ。友人や専門家の助けもいるかもしれない。さまざまなストレスに襲われるけれど——経済的なことや、社会的なことなど——わたしの場合は、夫のせいでわたしを避けていた友人たちがどこからともなく現れた。受け取らなかったけれど、お金の援助を申し出てくれた夫婦までいた。

5年計画を立てる必要はない。ずっと先のことばかり考えていたら、最初の一歩が踏み出せない。何よりも重要なのは、抜け出すこと。遠い未来は考えないで。次の一歩を考えよう。逃げ出す時期が来たら、何よりも大切なのは次々起こることに圧倒されないこと。計画を立てるときは一歩ずつ。

自分が経験したひどい状況を考えるにつけ、いまではもっと早く逃げ出すべきだったとわかる。けっしてよい状況になく、このままきっと変わらないと気づいたら、その瞬間に逃げ出すことを考える。できるだけ早く。

相手と幸せな関係を築けていないなら、別れることで何を失う？　パートナーを変えられないなら、これまで努力してきたのなら、不幸なまま残りの人生を送ってはだめ。

離婚したあと、とりわけ子どもたちが週末や休暇に父親を訪ねているときは、とても寂しかった。彼は子どもたちにオーストリアでスキーをさせ、香港やニューヨークへ連れていった。子どもたちからそうした経験を奪いたくはなかった。彼はいつも誘ってきたし、わたしも知らない国に行くのは大好きだったけれど、彼と一緒に旅行してみじめな思いをしたことが忘れられなかった。あらゆる状況の楽しみを彼に奪われたのだ。

誰かと一緒にいておびえて暮らすぐらいなら、寂しいほうがいい。不幸せなままでいるなんて最悪。どんなに孤独でも、不幸な結婚生活に戻る気にはならなかった。毎日虐《しいた》げられるなら、経済的に苦労したほうがずっといい。豪邸も、きれいな服も、車も、飛行機も、ボートも、農場もいらない。みじめな暮らしから逃げられるならそれだけでいい。

だから、わたしたちは一度ならず、狭いアパートメントで暮らすことになった。子どもたちもわたしも、ピーナッツバターのサンドイッチばかり食べた。豆のスープが続いた。だから、何？わたしたちはお互いに愛し合っていた。一緒にたくさん楽しんだ。大切なのはそれだけ。

自分の体験について書いたのは、もしあなたが暗い状況に陥っているとしても、抜け出す道があると知ってほしいから。あなたを傷つける人がいて、死にたくないなら、逃げなければならないと知ってほしいから。10年間、わたしは結婚生活で虐待されて苦しんだ。別れてみると、まるで暗い雲が晴れて、希望の光が射してきたかのようだった。

どれほど絶望的に思えても、絶対に逃れる道はある。

10

人生の方向転換
——問題に取り組む

TURN YOUR LIFE AROUND : Address your problems

結婚していたとき、わたしの体重は増えたり減ったりした。新婚旅行で妊娠してつわりが始まり、ほんとうに1日じゅう吐き気がした。妊娠初期は体重が激減した。そのあとは激増。子どもができるたびに増減した。子どもたちが健康に生まれたのは幸いだった。そのまま育ってほしかった。だから、健康によいものを食べさせ、子どもたちの口に入るものは自分でつくった。

そのころがいちばんつらい時期だった。子どもたちはわたしが得られたなかで最上のものだけれど、結婚はまちがいだった。離婚し、3人の幼い子どもを抱えるシングルマザーとしてダーバンで暮らしていたとき、家族の生活を支えることができるのはわたしだけだった。モデルを続けて子どもたちを養うための副収入を得るには、体重を低く抑えることが重要だった。わたしは栄養に関するありとあらゆる知識を頼りに、お腹がすけば健康によいものだけを食べた。シリアル、ミルク、野菜、果物、全粒粉パンのピーナッツバター・サンドイッチ、豆のスープ、缶詰の魚、ときどき鶏肉。それが比較的容易だったのは、どちらにしても食費を抑えなければならず、健康によい食品はかならずしも高価ではなかったから。

ダーバンでは、付き合いを広げようとしたけれど、家族はどのボーイフレンドも気に入らなかった。ケイには、ろくでなし男を引き寄せる磁石のようだと言われたけれど、そのとおりだ。そんなある夜、わたしをとても気に入ってくれた男性と出会い、関係を持った。彼はわたしを太っていると感じ、体重を落としてほしがった。実際には太っていなかったけれど、彼を喜ばせたくて痩せた。そこまで痩せなければならないことが、大きなストレスになった。とてもきつかった。

彼には結婚を申し込まれたけれど、浮気されたので断った。それでも彼は、ある日突然、婚約パーティーを開いた。きっと、わたしはこういうことをされやすいのだろう。彼はわたしと暮らすために、お互いの子どもたちの部屋と、食生活カウンセリング用の独立したオフィスと待合室がある家を建てはじめた。そして、わたしが婚約指輪を返そうとするたびに、自殺すると脅した。わたしは彼を怖気《おじけ》づかせるために、会うたびに3つずつデザートを食べた。そして、あっというまに太った。

揚げものや、油っこいものや、甘いものを食べるのは大好きだったけれど、そうしたものを食べていたのは不幸とストレスが原因だった。体重は93キロに戻った。そこまで戻るのに数カ月しかかからなかったけれど、健康的なサイズである8号まで戻すには10年近くかかった。もちろん、あとになってわかったことだけれど。

次にどうすべきか考える必要があった。つまり、新たな計画、作戦を練る必要があった。ある友人に救われるまで、とても無理だと思っていた。彼女の助言はシンプルだった。毎日30分幸せだったときを思い出せば、次に何をすべきか決められると言うのだ。

わたしは瞑想をしたことも、ただ座って考えごとをして過ごしたこともなかった。それでも、友人はやらなければだめだと言う。わたしにとって瞑想は奇妙なことだったが、そこで30分座り、頭を空っぽにした。まるっきり空っぽ。ただ幸せだったときを思い出そうとしているだけなのに。悲しいことに、わたしは幸せだったときをまったく思い出せなかった。「そうよ、高校時代は楽しかった」と思ったけれど、高校時代には戻れない。それから、アフリカーンス語で学ぶストレスはあったものの、いちばん幸せだったのは大学時代だったと気がついた。おかげで、アフリカーンス語もかなり上達できた！

ブルームフォンテーンに行って、栄養学のインターンとして働こうと決めたのはそのときだ。わたしはすべてを捨てて幼い子どもたちを連れ、ダーバンの愛する家から、南アフリカの真ん中に位置する、誰もがアフリカーンス語を話す小さな町へと移った。

そのとき、あまりにも悲しくて自分にこう言い聞かせた。「引っ越すだけの価値があるはずよ」

小さな町では、離婚して幼い子どもを抱えた女に出会いはなかったけれど、代わりに研究に没頭した。子どもたちと一緒に暮らしたのは研究者用の寮だった。子どもたちは寝室に寝て、わたしはキッチン兼リビングルームで寝た。それだけの甲斐はあった。ブルームフォンテーンに着いたとき、あの悲しさから離れられて、とてもうれしかったのだから。つらかったことをつねに思い出さずにはいられない場所にいなくてすむのは、とても大きなことだった。

食事療法のプログラムに参加するための学費を稼ぐために、モデルになる方法やイメージづくりの指南を買ってでた。これはとてもうまくいき、学生たちから学校を開いたほうがいいと勧められた。その新事業が大成功した。大学教授の子どもたち、同僚、友人、そしてマスコミのすべてが協力してくれた。ファッションショーを開き、栄養学や自信の持ち方について講義して、とても楽しい時間を過ごした。そのうえ、理学修士号を取得するまで大学院に残れた。なんてすばらしい方法で自尊心を取り戻したことか！

暮らしは順調だった。夜に教え、夜に交友関係を持つようになった。この学生街では、誰からも体重で判断されることがなく、気持ちがとても楽になった。年下のハンサムな青年たちとの付き合いもあった。

教え子のモデルたちの仕事を応援したかったので、ヨハネスブルグでいちばんのモデル事務所であるＧ３を訪れて、彼女たちの写真を見せた。

わたしが会ったのは、ゲノー・ベッカーという担当者。でも、誰にも興味を示さなかった。その彼女がわたしの体型を見て言った。「あなたはモデルをしないの？」

「ええ。もうしていません」

数カ月で10キロ落としたけれど、自分がモデルをすることは考えていなかった。

ゲノーは、プラスサイズモデルという新しい分野があると説明し、モデル経験があるなら太めのサイズのモデリングに挑戦してみたらどうかと言う。

ここでまた、長い目で見れば「やらない理由なんてない」という言葉に大いに助けられることになる。

プラスサイズモデルとしての仕事は、ヨハネスブルグに行って、テレビコマーシャルを撮影するところから始まった。わたしは南アフリカで唯一のプラスサイズモデルだったので、理学修士号の取得を目指すかたわら、ほどなく国じゅうを飛び回って紙媒体やファッションショーの仕事をすることになった。プラスサイズモデルと、若くないモデルが必要で、わたしは両方を兼ねていた。

そのあいだに、ゲノーとは友だちになっていた。わたしがヨハネスブルグに引っ越すと、ゲノーが言った。「マスクという最低な男がいるの」

「前の夫だわ」

「わたしの友だちと結婚しておいて、結婚式直後に追い出したのよ」

「きっと彼ね」

2年後、ゲノーが言った。「スー・マスクに会う気がある？」

「ええ、いいわ」

スーはトップモデルで美しく、わたしよりずっとかっこよかった。そしてわたしたちは、そろってカクテルパーティーに出席した。スーはこんなふうにわたしを紹介したものだ。「こちらはメイ・マスク。わたしの前の夫と10年間結婚していたの。ちなみに、わたしは10分よ」

わたしたちは大笑いした。誰もこのジョークを理解できなかったけれど、かまわなかった。わたしたちはパーティーのあいだずっと笑いつづけた。


ヨハネスブルグでも、食生活カウンセリングを続けていた。業務を拡大し、健康的な食生活についての講演もするようになっていた。そのいっぽうで、わたしは医学的に見ても肥満体型で、そのことについての気持ちをユーモアで隠していた。笑い飛ばして自信があるように見せようとしていた。でも、ほんとうは自信がなく、体型を隠すために大きな服を着ていた。それでもクライアントたちはわたしのもとにやって来て、よい方向に誘導されていく。なんだか詐欺《さぎ》をしている気分だった。クライアントに話している内容と正反対のことをしているのだから。知識があるくせに、きちんと活用していなかった。

41歳のとき、コレステロール値が上がり、膝と腰が痛むようになった。とても恐ろしかった。3人の子どもたちを養うには、健康でいなければならない。からだに自信を抱いていたころが懐かしかった。

そこで、自分自身のアドバイスを取り入れはじめた。空腹のときだけ、健康によいものを適度に食べる。そのアドバイスを実践すると、すぐに体重が落ちた。今回はその体重を30年間保ちつづけた。

知ってほしいのは、毎日続けるということ。それはけっして簡単なことではない。

わたしは生まれつき細身ではないので、体型を保ちたければ、毎日、そのことを頭に置いておく必要がある。わたしはいつも、食事の計画を立て、健康的な食べ物を用意しておくようにしている。きちんと食べなければ、最高の気分にはならない。あまりにも空腹だったら、目に入ったものを何でも食べてしまう。健康によくない食品を食べると、心身が衰えて、疲れて、太る。わたしは栄養士になって50年になるのに、いまだに不健康な食品が食べたくなって苦しむことがある。でもたいていは、からだによいものを食べることを何度も何度も自分に言い聞かせている。気分よくなりたいから。

美しい写真を見ても、そこまで到達するのにどれだけの努力が必要なのかは伝わらない――わたしは約30キロもの増減を二度も繰り返した。食べすぎたら、食べすぎをやめるまで体重が増えつづけることを、いまならよくわかっている。以前はどこかで止まるものだと本気で思っていた。でも、止まらない。それに体重を落とすためには、大変な努力が必要だった。それはいまでも変わらない。

わたしが過食に走ったように、いやな気分を紛らわすために手っ取り早い方法にすがるのは、とてもたやすい。でも、それでは問題から目をそらすことになるし、もっと気分が悪くなるはず。よい気分になりたいのなら、方向転換をして、本物の変化を起こすこと。瞑想のやり方を学ぶような小さな変化でも、食生活を変えたり、新しい場所に引っ越してやり直したりする大きな変化でも、きちんと計画を立てるべきなのだ。

FAMILY

第3部

家族

11 ワーキングマザー
——お手本に従って
WORKING MOTHER : *Lead by example*

イーロンを産んだとき、わたしは23歳で、１９７１年に第一子を出産した母親の平均的な年齢だった。出産は３日間の前駆陣痛から始まって、昼間はずっと痛むのに夜になると消えた。イーロンは頭が大きく、約４０００グラムの大きな男の子だったので難産だった。鎮痛剤を使わない自然分娩を望んでいたのだ。いまでも、あの痛みがよみがえってくる。

でも、イーロンが生まれると、苦しみは残らず忘れてしまった。イーロンは天使のようだった。こんなに美しい子が存在するなんて信じられなかった。隣に寝かされると、わたしはイーロンの顔をじっと見つめた。

それまで起こったなかで、何よりもすばらしいできごとだった。

イーロンは食欲が旺盛で、３カ月までは母乳で育てた。けれどもよく泣いたので、３カ月からは軽く煮立てたミルクと湯ざましを補助的に与えた。４カ月になると、ほぼミルクだけに。５カ月たつと、乳児用シリアルを食べられるようになった。そのあとは裏ごしした果物、野菜、そしてわたしが普段食べているものへと変わっていった。イーロンは食べるのが大好きだった。

授乳の終わりとほぼ同時に、キンバルを妊娠し、24歳で出産した。キンバルは縦長のほっそりした体型で、体重は兄のイーロンより１００グラムほど重く、出産はイーロンより軽かった。キンバルのときも3カ月は母乳で、足りないときはイーロンと同じくミルクと湯ざましをあげた。看護師たちには固形物を与えるのは生後半年以降だと教えているけれど、息子たちはからだが大きかったので、早めにあげることにした。

そして授乳が終わってから数カ月して、また妊娠した。娘を産んだのは26歳のとき。トスカは、キンバルより２００グラムほど軽かった。女の子が生まれてとてもびっくりしたし、心の底からうれしかった。

わたしは下のふたりを両腕で抱いて、いちばん上のイーロンは隣を歩かせた。子どもたちは手がかかったけれど、宝物だった。

3年と3週間で3人の子どもを産んだあと、次に産婦人科に行くと、からだを回復させるために避妊リングを装着された。医師にはわたしのあざも見えていたのだろう。

31歳でシングルマザーになったわたしは、何よりも子どもたちを優先した。

ともに働いていた両親のように、わたしも働いた。両親とちがったのは、ひとりきりだったこと。わたしの人生にとって、子どもたちはいまでも最も重要な存在だ。

わたしの母は、フルタイムで働くことに罪悪感がまったくなかった。わたしもフルタイムで働くことに罪悪感はなかったけれど、それは他に選択肢がなかったからだ。わたしが仕事をしたのは、自分たちが住む家のため、お腹に入れる食べ物のため、最低限の衣服のため。子どもたちは自分のことは自分でしなければならず、わたしの仕事についても理解せざるをえなかった。寝室をオフィスに変えていたからだ。罪悪感を覚える必要はない。あなたが仕事をしていなくて、それが不満なら、子どもも楽しくないはず。もっとよい姿勢で臨むためには、短時間であってもフルタイムであっても仕事をして、どんな形であれ手助けを得られるように計画を立てること。たとえば、仕事の予定を調整して自分の子どもと一緒に隣人の子どもも学校に送っていけるなら、帰りは隣人に迎えにいってもらえばいい。放課後はあなたが帰宅するまでベビーシッターが必要かもしれないけれど、あなたは充実した幸せな気分で帰ってこられる。わたしもそうだった。

　子どもが幼かったころ、わたしは自宅でクライアントの食生活カウンセリングをした。モデルをするときはベビーシッターを雇った。ファッションショーに出演しているあいだ、子どもたちが客席の最前列で本を読んでいることもあった。

　わたしの父は、いつも自宅の隣でカイロプラクティックの診療を行い、母も手伝っていた。双子の妹のケイとわたしも、8歳のときから父の仕事を手伝った。時給5セントで、父が月報を発送するのを手伝う。お金をもらわないこともあった。父が口述して母が速記したものを、タイプライターで打ち直すのだ。

ケイとわたしの仕事は、ガリ版の原紙にタイプして、印刷することだった。次に、リビングルームの床に座って、月報を3つに折って封筒に入れ、切手を貼る。毎月1000通、その作業をしていた。当時は幼かったので、マーケティングツールなどというものがあることさえ知らなかったけれど、まさしくそれだったのだろう。そのとき学んだことは、開業したときにとても役立った。

12歳になると、ケイとわたしは父の診療所の受付をした。午前6時45分から7時半までと、午後4時から6時まで。ケイとわたしは交代で働いた。患者さんの受付をして、お茶を淹れ、レントゲン写真の現像をして、診療の準備が整うまでおしゃべりの相手をする。

わたしたちは大人と同じように扱われた。

両親の影響は、きょうだいとわたしの選んだ人生と、子どもの育て方を見れば明らかだ。父は科学者で診療所を経営し、わたしも科学者で起業家。兄のスコットも同じ。弟のリーは南アフリカでビジネススクールを開き、カナダでは大きな技術研究所の副所長兼部長をつとめている。母はダンス学校を経営し、ケイとリンもそれぞれダンス学校を経営していた。

子どもたちは幼いころから、栄養士としてのわたしの仕事を手伝った。トスカは、オフィスにやって来ては、医師への手紙をワープロで打ってくれた。トスカが医師の氏名と住所、基本的な挨拶の文面、患者の名前を打ち、わたしが相談への回答と予想される成果を入力する。イーロンはワープロの機能を何でも説明してくれた。驚きはないだろうけど！　そして、キンバルもいつも助けてくれた。

ブルームフォンテーンで暮らしていたときは、経営していたモデル事務所とモデル学校でトスカを働かせた。トスカは生徒たちに歩き方を教え、ファッションショーの演出を手がけ、エチケット教室を開いた。ファッションショーのときは、いつも衣装係をつとめた。そのとき、トスカはまだ8歳ぐらいだった。

自分が子どものころに両親に育てられたように、わたしは自分の子どもたちを育てた。自立心があり、親切で、正直で、思いやりがあり、礼儀正しく、勤勉で、よい行いができる人間になるように。赤ん坊のように扱ったことも、叱《しか》ったこともない。何を勉強すべきか命じたこともない。子どもたちのほうから何を勉強するつもりだとか、しないつもりだとか知らされただけ。宿題を見てやったこともない。子どもたちが責任を持つことだから。それでも、誰の経歴にも響かなった。早くから自分で責任を持つという習慣は、わたしときょうだいのためにもなったし、子どもたちのためにもなった。

成長するにつれて、子どもたちは自分で決断することで自分の将来に責任を負いつづけた。トスカは進学する高校を自分で選んだ。３人とも、自分が選んだ大学に出願し、奨学金と学生ローンの申請書に記入した。わたしはそれに目を通してさえいない。

責任を負うという現実から子どもを守る必要はない。屋根のある家に住み、空腹を満たし、古着を買うためにわたしが懸命に働いていたのを目にしたのは、子どもたちにとってよいことだった。子どもたちは、周囲にわたしがどれだけ苦労したかを知ってもらいたがっている。なぜなら、いまのわたしの人生はとても気楽そうに見えるから。

大学生のころ、子どもたちは床にマットレスを敷いて6人と同居するようなひどい環境や、荒れ果てた家で暮らしていたが、それでも気にしなかった。

贅沢に慣れていなければ、うまく生き延びられる。甘やかす必要はない。安全な状況にあることさえ確認できたら、あとは子ども自身に任せればいい。

わたしが仕事で忙しかったということは、子どもたちがときには自由にいたずらができたということを意味する。きっと、いまでもわたしが知らないことがあるにちがいない（子どもたちが無責任なことをしたときは厳しく接したと思いたいけれど、子どもたちに言わせれば、わたしをだますのは簡単だったらしい）。

わたしが煙草を吸う男性と付き合っていたときには――わが家は禁煙だったので、子どもたちはあまり彼が好きではなかった――、彼の煙草に爆竹を少しばかり仕込んだこともあった。彼が煙草に火をつけると、バチバチ！　それを見て、子どもたちは大笑い。わたしも思わず笑ってしまった。でも彼は笑わなかった。それでも、子どもたちには罰を与えなかった。

子どもたちに躾《しつけ》をしていなかったわけではない。騒いだり、行儀が悪かったりすれば罰を与えた。テレビを見ることを禁じて、子ども部屋に戻したものだ。とはいえ、いまになって聞いたところによると、子ども部屋に戻されても、大好きだった『特攻野郎Ａチーム』や『冒険野郎マクガイバー』などのドラマを見逃さないために、こっそり戻ってきて古いＶＨＳテープに録画し、また子ども部屋に走っていったらしい。わたしはオフィスにいたので、まったく気づかなかった。

これも母親が働いていたおかげだと、子どもたちはよく話している。

12

12歳の魔法
――子どもの興味を伸ばすには

THE MAGIC OF TWELVE : *If children show interests, encourage them*

どうやってここまで成功した子どもたちを育てたのかと、よく尋ねられる。わたしは子どもたちが興味を抱いたことをやらせただけ。

わたしは子どもたちを愛しているし、子どもたちが成し遂げたことすべてを誇りに思っている。いちばん上の息子であるイーロンは、環境を守るために電気自動車をつくり、ロケットを飛ばしている。真ん中の息子のキンバルは、産地直送食材のレストランを開き、行政の援助が行き届いていないアメリカじゅうの学校の畑で、果物や野菜の育て方を教えている。末っ子のトスカは、芸能関係の会社を経営し、ベストセラー小説を原作とする恋愛映画のプロデューサーと監督をしている。３人とも興味はばらばら。

わたしときょうだいたちもそうだ。わたしたちはみな、それぞれ違う道を進んだ。両親は子どもたちがそれぞれ異なる関心を抱くことを喜んで応援してくれた。同様に、わたしの子どもたちも幼いころから違うことに興味を示して、現在に至るまでその興味を抱きつづけ、その対象を愛している。

子どもが必要としているときは、励まして手を貸した。助言を求められたときは、アドバイスした。この本ではなんとか長くしているけれど、わたしの助言はいつもとても短い。

キンバルがインスタグラムで、そのことについてとてもうまく表現している。「わたしの人生において、母（@mayemusk）はわたしを導いてくれました。69歳で〈カバーガール〉のアンバサダーになっただけでなく、ふたつの大学で栄養学の理学修士号を取得し、つねに本物の食べ物（#realfood）に情熱を燃やしています。わたしにとって母は、これまでもいまも、ずっと発想の源なのです。本物の食べ物を植え、育て、食べる力について教育する自分の（@biggreen）を母が応援してくれることに感謝しています。ありがとう、ママ！」

子どもたちの場合は、12歳になるころには将来の仕事となることに興味を抱いていた。

子どものころ、わたしはイーロンがなんでも読むことに気がついた。わたしも読書が好きだったけれど、読み終わった瞬間にあらすじを忘れてしまう。イーロンはその逆で、読んだものはすべて覚えていた。いつも情報を吸収していた。わたしたちはイーロンを「百科事典」と呼んでいた。『ブリタニカ百科事典』と『コリアーズ百科事典』を読んで、すべて記憶していたから。だから「天才少年」とも呼んでいる。何だって質問できた。まだインターネットがない時代に。いまなら「インターネット」と呼んでいるはず。

イーロンは12歳のときに初めてコンピュータを手に入れた。それは１９８３年のことで、コンピュータは、とても、とても、とても新しかった。イーロンはその使い方を覚えて〈ブラスター〉というゲームのプログラムを開発した。わたしはそのゲームをモデル学校に来ていた大学生たちに見せた。すると、コーディングに使うショートカットをイーロンがすべて知っていることに驚いていた。その大学生たちはコンピュータ科学を学んでいる2年生か3年生だったのに、すっかり感心していた。

そこでわたしは、コンピュータ雑誌にゲームを送ってみるよう、イーロンに勧めた。

イーロンが〈ブラスター〉を編集部に送ると、５００ランド（５００ドル）が送られてきた。おそらく雑誌側は、イーロンが12歳だと知らなかったろう。ゲームの掲載誌はイーロンが13歳のときに出版された。そのあとイーロンが何をするつもりなのか、わたしにはわからなかったけれど。

キンバルは小さいとき、食べ物がとても好きだった。12歳のとき、食事係になり、家族のために料理を始めた。おいしいものを食べるには自分がつくらないとだめだとなれば、進んでつくった。キンバルは、わたしと一緒に食料雑貨店に行くのが好きだった。一緒に市場へ行くと、キンバルはピーマンを手にしてにおいをかいだ。わたしはよく、「いったい、あなたはどこから来たの？」ときいたものだ。わたしは料理に喜びをまったく見出せなかった。子どもたちには健康によいものを食べさせたけれど、ごく簡単なものだ。ピーナッツバターのサンドイッチ、豆、それにニンジン。

キンバルは、初めて見た野菜を選んでは、それを使って料理した。また、その日にとれた新鮮な魚を見つけては、トマトやレモンやタマネギと一緒に焼いた。生まれながらの料理人だった。キンバルが得意としていたのは、野菜料理。野菜は手頃な値段で手に入れられるので、理想的だった。キンバルがつくったものは、すべておいしく、わたしのさえない料理よりはるかにすばらしかった。

家族でトロントに移ると、キンバルは、イーロンがガールフレンドのためにつくれるようにと、カニを使ったニョッキ・アルフレードのつくり方を教えていた。

最近になってキンバルから、自分がどんな仕事を選ぼうとも、ママはいつも応援してくれると思っていたと言われてうれしかった。

キンバルは経営を学び、インターネットで起業し、ニューヨークのフレンチ・カリナリー・インスティテュートで料理を学んだ。わたしはよく、キンバルの勤務時間が終わる午後11時に学校の食堂に行って、一緒に食事をした。そして、キンバルがコロラド州ボルダーに移って、居抜き物件で〈ザ・キッチン〉というレストランを開いたときは、それまで使われていたコンロと冷蔵庫をぴかぴかに磨き上げた。残念ながら、どちらも取り替えられてしまったけれど！

キンバルは、とても長い道のりをたどった。自分の子どもたちとタイヤのチューブでそり遊びをしていたときの事故で首の骨を折ると、たっぷり時間をかけて、人生でほんとうにやりたいことについて考えた。そして、情熱を注げるのはレストランだとわかり、アメリカの真ん中で産地直送食材のレストランを開いて、非営利団体〈ビッグ・グリーン〉を立ち上げた。行政の援助が行き届かない学校で畑仕事を教える活動だ。また〈スクエア・ルーツ〉という会社も起こして、駐車場の中古コンテナで畑をつくって都会型農家になる方法を若い起業家に教えはじめた。

キンバルが12歳のころに大好きだったことを考えると、まさに理にかなっている。

トスカが7年生の12歳のとき、演劇クラブの先生が顧問を辞めた。それでトスカが演劇クラブを引き継いだ。

トスカは、昔からずっと女優だった。かなり幼いころから、演劇やダンスや芸能や音楽に夢中で、ずっと映画が大好きだった。

ヨハネスブルグでは、金曜日の夜は一緒にソファに座り、恋愛映画を観ながらアイスクリームを食べた（よそ見をしながら食べるそのときの癖がいまも残っている）。トスカは、あらゆる芸能クラブに所属していた。だから、いまトスカが映画監督になって自分の映画を製作し、〈パッションフリックス〉という自分の会社でロマンス小説を映画化、配信しているのは納得できる。

わたしは、おしゃれに装い、娘と一緒に映画のプレミアショーのレッドカーペットを歩くのを楽しみにしている。

親は子どものことで、たくさんのストレスを抱える。食生活カウンセリングの場でもよく見かけた。子どもを有名な学校や大学に入れるために、たくさんの書類を書かなければならず、父親や母親がストレスを抱えて食生活に影響が出ることがある。わたしは、大学入学や就職のための書類は子どもに書かせるべきだと伝える。子どもの将来は子ども自身が責任を負うべきなのだから。子どもが事業を始めたいと考え、賛成するなら応援すればいい。子どもに行儀作法を教えるのは必要だけれど、やりたいことは自分で決めさせるべき。

子どもたちが〈テスラ〉や〈スペースX〉、〈ザ・キッチン〉に〈ビッグ・グリーン〉、〈パッションフリックス〉を始めることは予想できなかった。でも、イーロンがテクノロジーで成し遂げようとしていること、キンバルが食の世界で築いていること、トスカが映画でやろうとしていることはわかる。すべて、3人が子どものときに大好きだったことに根ざしている。

13

一からやり直し
——人生をおもしろくすることに「イエス」と言おう
STARTING OVER : Say yes to make your life more interesting

一からやり直すことは難しい。とくに、新しい場所へ移る場合はなおさら。

大人になってから引っ越した8つの街では、1年めは孤独で、2年めは数人の友だちができ、3年たったときには心から楽しく付き合える友人がたくさんできていた。つまり、一からやり直すときが厳しいということだけは知っておいたほうがいい。わたしはひとりで仕事をしていたのでなおさらそう感じた。同僚と接することができるオフィスで働いていたわけじゃない。だから、わたしはほかの栄養士たちとも連絡をとり合い、交流を重ねた。何人かとは友人になった。いまでも付き合いが続いている人もいる。

新しい土地で一からやり直すときは、外に出ること。じっと座って孤独に浸っていても、友人はできないし、事業もうまくいかない。外に出て、ほかの人たちと付き合い、ネットワークを広げること。だって仕事とはそうしたところから始まるものだから。友人やパートナーと会えるのもそこから。現実世界では、王子さまと出会うにはたくさんのカエルとキスしなければならないのだ。慣れない土地では、外に出てほかの人たちと会うことさえ、ひと仕事に思えるだろう。実際、そのとおりだ。

ひとりでイベントに参加するのは簡単じゃない。とても緊張する。まわりはお互いに頬を寄せて挨拶し、ハグし合っているっていうのに、自分のことを知っている人はいない。あなたは突っ立っていることしかできない。仲間どうしの輪や小さな集団に割り込むなんて無理。運がよければ、親切な人が近づいてきて声をかけてくれるかもしれないが。わたしはときおり1時間たっても誰にも話しかけられなかったら帰ろうと決める。めったに帰ることはないけれど。

そんなふうに思うようになったのは31歳で離婚したときだ。友人から「とにかく年じゅう出かけることよ。新しい街で誰かに出会うにはそうするしかない」と言われたのだ。言うとおりにしたけれど、なんだか悪目立ちしているような気がしていた。

でもやがて、みんなも同じように感じているのだと気づいた。ときには有名人でさえ、孤独を感じることもある。ブルームフォンテーンでモデル学校を運営していたころ、空港に生徒を連れていってミス・ユニバースを出迎えてほしいと頼まれたことがある。ミス・ユニバースはひとりで立っていた。わたしは最初、厚かましくこちらから近づいていくなんて失礼だと思っていた。

でもそれは、誰も知り合いがいないパーティーで、気の毒に思ってくれる人が現れるまで、まさにわたしが経験していたことだった。「ああ、あのときの気持ち」と思ったわたしは近づいていって呼びかけた。

「こんにちは。わたしはモデル学校の校長です。お迎えにきました」

ミス・ユニバースは言った。「声をかけてくださってありがとうございます！　ひとりで立っているって不安で！」

だから、覚えておいて。ミス・ユニバースだって、パーティーで気おくれするんだってことを。

修士号を取得すると、わたしはブルームフォンテーンから家族に近いヨハネスブルグに戻った。そこでは栄養士としてできるだけ早く名前を売る必要があった。

職場で毎日同じ人々に囲まれていれば、たぶん同僚たちと友だちになれるだろう。わたしがネットワークをつくろうとしたのは、仕事を成功させるためではない。同業者とつながることで新しい情報を仕入れ、個人営業の栄養士としての成功体験を伝えるためだ。もっと多くの栄養士に開業してもらい、もてはやされすぎている流行のダイエット法を残らず消し去りたかったのだ。でも結局は同業者が親切にしてくれて、講演や業界のスポークスパーソンとしての仕事やメディアの仕事をまわしてくれたり、栄養相談のクライアントを紹介してくれたりした。ひとりでじっと座って電話がかかってくるのを待っているより、人々とつながるほうが仕事はずっと増える。できるだけ誘いに応じるだけでなく、加入できる団体にはすべて参加するのが、わたしの戦略だった。そこで、栄養士協会に加入して、地元の栄養士の名簿を手に入れた。何かの委員会に入れれば、いつも同じ人たちと会うことになり、知り合いになれる。わたしは開業しているか、あるいは開業を目指している栄養士たちを集めて会合を開き、成功するためのアドバイスをしたあと、懇談する時間をもうけた。そうすることで、わたしは新しい人たちと知り合え、ほかの参加者も互いに知り合うことができる。すると、同業者からとても感謝されたので、続けることに決めた。

そのあいだに、手堅い顧客リストができあがっていった。２年後には１日20人のクライアントが訪れるようになった！

その後、思いがけないことが起こった。電話がつながらなくなったのだ。オフィスの電話線が壊れたのだが、１９８０年代の南アフリカでは電線を製造していなかった。ヨーロッパから取り寄せるのには半年かかるという。

わたしは電話でしか予約を受け付けておらず、クライアントがオフィスに立ち寄るか手紙を書いてくれないかぎり、連絡手段は電話しかなかった。さらに悪いことには、その電話番号が不通になっていることを知らせるメッセージも流れなかった。誰かがこちらの番号にかけても、聞こえるのは〝通話中〟の音だけ！　ここを乗り切るには作戦を練らないと。そこで、わたしは解決策を見つけた……つもりだった。ポケットベルを買い、クライアントと医師全員に手紙を送って、

「今後はポケットベルを鳴らしてくれれば電話を見つけて折り返します」と知らせたのだ。

ところが、計画どおりにはいかなかった。3週間後、予約は1日わずか1件になった。経営は傾きはじめていた。収入は確実に減っていく。どうすればいいのかわからなかった。同業者との会合に出ると、出席者たちから電話をかけてもいつも〝通話中〟だったと言われ、わたしは泣き崩れた。そのとき、すばらしいことが起こった。これまで2年間助けてもらったのだから、今度は自分たちが助ける番だと、同業者たちが言ってくれたのだ。みんなが非常勤のカウンセリング業務を6件紹介してくれた――療養施設と民間診療所での業務、乳児の摂食に関する調査、執筆、指導、スーパーマーケットでの栄養相談といった仕事だ。どの仕事も週4時間から8時間で、電話は必要ない。わたしはまた仕事ができることと、それまで手がけていなかった栄養学の新たな分野を開拓できることに、わくわくした。

電話線が直ると、栄養士としての仕事はふたたび盛りかえし、それまで以上に忙しくなった！

そしてカウンセリングが新たな収益の柱となり、栄養士としての残りの人生を支えてくれた。ときには、救いの手をつかむのが最善の計画になることもある。

この方法はまた、栄養士仲間のひとりが、わたしの子どもに仕事の話を持ちかけてくれたときにも役立った。

トロントに移住したとき、イーロンは仕事を見つけなければならなかった。わたしは栄養士の会合に出席して、息子が仕事を探していると話した。すると、ひとりの栄養士の夫がマイクロソフト社で働いていたのだ。
「息子はコンピュータに詳しいのよ」。わたしは彼女にそう言った。どこの母親でもそれぐらいは口にする。でも、そのときはわたしの言っていたことがほんとうだとわかり、とても驚かれた。

栄養士になってから、わたしはつねにほかの人たちの成功のために一生懸命に動いてきた。けれども思いがけないことに、ときにはわたしのほうが周囲の助けを必要とした。見返りを期待して親切にするのはだめ。あなた自身が楽しみ、相手の役にも立つから動くのでなければ。

72歳、何人かの親友は、こうした仕事のあいだに出会ってきた人たちだ。そして、これからも食生活カウンセリングとモデルの仕事で、たくさんのすばらしい友人をつくっていくつもり！

いまのわたしは、何かのイベントに出席してひとりで立っている人を見かけると、近づいていって会話に引き込む。あなたもひとりぼっちの人を見かけたら、話しかけてみて。恥をかくかもと思うかもしれないけれど、そんなことはない。たいていは、そんなふうにして、すてきな人に出会えるものだから。

14
必要なら住む国も変える
——賭けに出て、いつでも引き返せるから

CHANGE COUNTRIES, IF NECESSARY : *Take a chance; you can always return*

人生は予想がつかず、驚きに満ちている。ときには賭けに出て、大きな変化を起こすことも必要。

41歳のとき、ヨハネスブルグでの栄養士の仕事は順調で、快適な家も持っていた。ついに、安心を手に入れたと思っていた。

そんななか、イーロンがカナダへ行きたがった。コンピュータへの興味を追求するには、北米がふさわしいと感じていたのだ。イーロンはわたしに市民権の回復を申請してほしいと言ってきた。そうすれば、３人の子どもたち全員が市民権を得られるからだ。

トスカもカナダのほうが楽しそうだと考え、イーロンに賛成した。トスカは13歳のとき、カナダへ移住することを考えて、アリアンス・フランセーズでフランス語を学びたがった。何かの本でフランス語はカナダの第二公用語だと知ったからだ。

わたしもフランス語の授業を受けていたので、上級クラス。アリアンス・フランセーズではクラスごとに出し物を披露することになっており、ある日、クラスメートたちが言った。「オペラ歌手がいるわね」。でも、誰にもそんな才能はない。

わたしは言った。「娘ならできるわ！」

「でも、娘さんは初級クラスでしょ。フランス語が話せないじゃない」

「なんとかなるわよ」

オペラ用の金色のドレスを借りると、トスカはフランス語で演技した。まだ若く、フランス語もほとんど話せなかったけれど、この難題に挑戦して、みごとに演じてみせた。

しかも、誰もトスカだとは気づかなかった！　歌手を雇うなんてずるいと言う人までいた。それがまだ13歳のトスカだったとあとから知って、驚いていた。

それでもトスカはフランス語が堪能《たんのう》でないことを不安に思っていた。南アフリカでは、アフリカーンス語の試験に合格しないと落第する。カナダへの移住が決まって現地に着いたときにフランス語が話せなかったら落第する、と信じ込んでいたのだ。

すべての準備が整うには、とても時間がかかった。ようやくパスポートが届くと、その３週間後、イーロンはカナダへ発《た》った。17歳のときだ。

わたしはいくつかの連絡先と、２０００ドルのトラベラーズチェックを持たせて、イーロンを送り出した。20年前に初めて出場した美人コンテストで勝ち取った賞金１００ランドを元手にして増やしたお金だ。賞金で株を買うべきだと友人に勧められたのだ。ところが、１９６9年に株価が下落して１００ランドが10ランドまで下がった。その後、イーロンが生まれたので彼の名前で口座を開き、そのまま忘れていた。１９８9年に口座があるのを思い出して見てみると、２０００ドルになっていた。このお金でイーロンも数週間はやっていけるだろう。

わたしはカナダの親族に手紙を書いてイーロンが行くことを知らせたけれど、手紙よりイーロンのほうが先に着いた。当時、手紙はカナダまで6週間かかったからだ。

イーロンはモントリオールに着いて、わたしのおじに電話をかけたけれど出なかった。そこで、わたしにコレクトコールで電話をかけてきた。「どうしたらいい？」

わたしは、ＹＭＣＡ（キリスト教青年会）を探すよう伝えた。そのあとイーロンはトロントへ行ってもうひとりのおじを探したが、やはり見つからなかった。そこでバスでサスカチュワンへ行き、わたしのいとこを探したらしい。

イーロンはいとこの家の玄関先にとつぜん現れて言った。「こんにちは。ぼくはメイの息子です」。この家でイーロンは18歳の誕生日を迎えることになる。

そのころ、15歳になろうとしていたトスカが言った。「そろそろイーロンのところへ行ったほうがいいと思う。イーロンがどんな暮らしをしているのか見に行かないと」

けれども、そのころのわたしは博士号を取得するためにケープタウン大学に通っていた。

「ここで博士号を取るから、そのあとで行きましょう」

トスカは言った。「ママたちが行かないなら、ひとりでカナダへ行く。イーロンに面倒を見てもらうわ」

わたしはしぶしぶイーロンの様子を見に行くことにした。移住するつもりはなかったけれど、イーロンはすでにカナダにいる。キンバルは高校を卒業したら行きたいと言っているし、トスカの決意は固そうだ。さすがに、ふたりだけで行かせるわけにはいかない。何はともあれ、とりあえず様子を見てこよう。

わたしは、カナダに行っているあいだに仕事を引き受けてくれる栄養士をふたり見つけた。そのふたりはわたしの家に住んで、トスカの面倒を見てくれることになった。

カナダに着くと、わたしはイーロンと一緒に受け入れてくれる大学を探すために5つの州の大学をまわった。モントリオール大学以外は、どこも受け入れを表明してくれた。モントリオールで研究するには、わたしのフランス語では難しいようだった。

わたしはトロント大学に関心を持った。研究員として週に10時間働けばよく、それなら栄養士としての開業も、研究も、モデルの仕事もできるからだ。それに、トロントはカナダではモデル業の中心地だ。研究員になれば、子どもたちは学費なしで学べる。

それから、五大都市のすべてのモデル事務所を訪れた。40代初めだったので、どんな反応をされるかわからなかった。けれども、どの事務所も受け入れてくれた。年配のモデルを探していたのだ。

３週間後にヨハネスブルグへ戻ると、トスカはすでに家と家具と車を売り払っていた。身長１７７センチで15歳の少女は、自分がまだ子どもだということも、すべてを売る許可など得ていないこともまるで気にしていなかった。家のものはすべて消えていた。

あとはわたしがサインするだけ。数週間後、わたしたちは南アフリカを発った。キンバルは高校を卒業してから来ることになった。

トスカが家と車と家具を売り払ったことになぜ怒らなかったのかと、多くの人にきかれる。だって、トスカの言い分はもっともだったから。わたしたちはいずれカナダに移住しようと話し合っていた。トスカはできるだけ早くそれを実現したかっただけ。たとえ、予想もつかないことをしたとしても、その言い分がもっともなら受け入れるしかない。

カナダには新しい可能性があり、移住は家族にとってよい転機となった。わたしにとってヨハネスブルグでの生活は絶好調で幸せだったけれど、子どもたちはアメリカ大陸に未来を見出した。カナダでならスタートが切れる。

そしてもうひとつ言えるのは、20年来の地獄だった前夫のことをもう二度と恐れずにすむということだった。おびえることなく生きられるのは、なんとすばらしいことだろう。この移住が自分と家族にとってよいことかどうかわからなくても、いつだって戻れる。わたしはけっして戻らなかったけれど。

前進すべきときだと思うなら、賭けに出て、腰を落ち着けるために3年は懸命にがんばること。生活がよくならず幸せだと思えなかったら、もとの環境に戻ればいいのだから。

15

親切

――善意に感謝しよう

ACTS OF KINDNESS : Appreciate good deeds

　心配しようがしまいが、思いもよらない恐ろしいできごとは、起こるときは起こる。でも、その原因を探ろうとしないほうがいい。計画を立てて準備することは可能だけれど、未来に何が起こるかなんてわからない。言葉が障害になることをひどく心配したトスカとわたしは、前もってフランス語を勉強したけれど、トロントへ行ってみると、誰もフランス語を話していないのでびっくりした。

　でも、うまくいかないこともたくさんあった。それでもなんとかがんばった。ときには友人が、ときにはまったく知らない人が親切にしてくれた。

　南アフリカを発つ直前、友人のひとりが、南アフリカ国内にいるあいだに家賃を先払いする条件で最初の数カ月なら家具付きアパートメントを貸してくれる人を紹介してくれた。その後、何度も差し伸べてもらうことになる救いの手のひとりめだ。これはとても助かった。出国すると南アフリカ政府に２０００ドルを超える分の預金口座を凍結されてしまうので、出国前に家賃を支払う必要があったからだ。

トスカとわたしはトロントへ移り、アパートメントで暮らした。寝室はひとつしかなく、トスカとわたしは寝室のベッドだが、イーロンはリビングルームのソファで寝た。12月に着いたので、トロントの寒さは厳しくつらかった。そもそも、わたしたちが持っていたのはマイアミで着るような服。凍えるような気候にはまったくそぐわない。結局、わたしの妹と母からコートを借りなければならなかった。20歳と50歳が着るようなコートだ。

わたしたちには学ぶべきことがたくさんあった。まず、トロントについてよく知らなかったので、移動するだけでひと苦労。車を買うお金がなかったので、いつも地下鉄とバスを使った。知っているのは、地下鉄とバスに乗るには「ルーニー」、すなわち重い「1カナダドル硬貨」しか使えないことだけだ。

最初の2週間はこのカナダドルの硬貨が詰まった重たい財布を持って、バスで支払い、地下鉄で支払い、またバスで支払っていた。オーディションを受けたり、賃貸のアパートメントを探したりするために、さまざまな場所へ行かなければならなかったからだ。

ある日、バスに乗っていると、観光客が運転手に乗換え自由の切符《トランスファー・チケット》について尋ねた。その観光客はトランスファー・チケットを受け取って、地下鉄のほうへ歩いていく。わたしは思わず、

「トランスファー・チケットがあるの？」とつぶやいた。

トロントに着いてから手に入れた最高の情報だ。モデルの仕事をいくつかもらっていたけれど、現場に行くためには、かなり遠くまで移動しなければならなかった。同じ方向なら1枚のトランスファー・チケットでどこへでも行ける。硬貨を詰め込んだ重い財布を持たなくていいだけでなく、節約もできるので、とてもほっとした。

42歳、わたしはすぐにでもトロントで開業したかったけれど、まずはカナダの試験に合格して登録《レジスタード》栄養士《ダイエティシャン》（RD）になることが必要だった。わたしには大学卒業程度の知識があると証明するために、栄養学を学んで卒業したばかりのトロント大学の学生たちと同じ試験を受けることになる。でも、幸いなことに初めて英語で勉強できることになった。天国だった！

試験当日は、お金を稼ぐためには引き受けざるをえないテレビコマーシャルの仕事が入っていた。すると、信じられないことに、試験日を変更して、栄養学部の職員である栄養士のひとりがほかの日の午後に試験監督をつとめてくれることになった。

また栄養士の会合で出会い、大学で週二夜、幼少期の栄養教育について講義する仕事を譲ってくれた人もいた。大学が南アフリカで取得した理学修士号を認めてくれたので、カナダで登録栄養士の資格を取る必要はなくなった。そのとたん、別の仕事が入ってきた。

そのあいだも、モデルの仕事は続けていた。モデルは外見ですぐにわかる。長身で、痩せていて、かならず巨大なバッグを持っているから。髪もメイクも自分でやったし、いつも靴とアクセサリーとウィッグと付け毛を持ち歩いていた。なにせ、オートクチュールのショーとは違うのだ。

わたしはモデルの経験が豊富だったとはいえ、南アフリカのやり方しか知らない。トロントで最初のリハーサルをしたとき、わたしは花嫁の母役だった。

プロデューサーが言った。「どうしてサンダルをはいてるの？　秋用のホースとパンプスはどうしたの？」

わたしは何を言われているのかわからなかった。

「消防士じゃないんですから。ホースってなんですか？　パンプスって？」

もちろん〝ホース〟はストッキングだし、〝パンプス〟はハイヒール。でも、来たばかりのわたしにわかるわけがない。新しい国では、そういうことも覚えなければならない。

プロデューサーは事務所に電話をかけて文句を言った。わたしは「プロじゃない」と言われて泣きたくなった。するとモデルのひとりがそっと教えてくれた。「トロントに靴を19ドルで売ってるお店があるわよ」

わたしはゴールドとシルバーの靴を1足ずつ買い、金銭的に少し余裕ができるまで、どんなファッションショーでもその靴をはいた。そのとき靴店を教えてくれたモデルの子の親切のおかげだ。

冬のまっただなか、トロント行きの飛行機で、わたしの服と南アフリカの学校の修了証書がすべて入ったスーツケースが行方不明になった。もちろん、トスカのぬいぐるみが詰めこまれたバッグは無事だった。

スーツケースが見つかるまでのあいだ、わたしはイーロンとトスカの服にからだを押し込んだ。新しい服を買う余裕なんてなかったからだ。どうしてサイズの合わない服を着ているのか、まわりに説明しなければならなかった。

何度も繰り返した。「スーツケースが行方不明になってしまって」

わたしは月に一度、車を借りて空港の航空会社の事務所へ行き、荷物について尋ねた。毎回、係員が答えた。「すみません、どこにあるのかわからなくて」

数カ月後、わたしはトロントで会った男性に、サイズの合わない服について説明した。

彼は言った。「荷物が見つからないって、どういうことですか？　わたしが空港へ連れていってあげましょう」。車に乗せていってくれればレンタカー代を支払わなくてすむので、とても助かる。わたしがどれほどお金に困っているのか、彼は知らなかっただろうけど。

航空会社の事務所に入っていくと、彼は言った。「わたしはこの女性の弁護士です。彼女のスーツケースを見つけてください」

係員は言った。「承知しました」

男性は弁護士ではなく会計士だった。わたしは大笑いした。

するとさっそく翌日、航空会社から男性に電話があった。「メキシコシティーで荷物が見つかりました」。３日後、巨大なスーツケースがふたつ届いた。ひとつは少し傷ついていて、セーターが１枚なくなっていた。でも、修了証書は無事だった！

善意のニセ弁護士の親切のおかげだ。

ある日、わたしはミシサガでモデルの仕事をすることになっていた。車があれば、トロントから40分だ。目が覚めると雪が降っていた。仕事なのだから、吹雪でも行かなければならない。わたしは靴を大きなバッグに入れて出かけた。２回バスに乗り、２回地下鉄を乗りつぎ、もう２回バスに乗り、それからスタジオまで１メートル近く積もった雪のなかを４００メートルも歩かなければならない。

雪でどこが歩道かわからない。街灯があり、車道もあったので、そのあいだに歩道があるのだろうが、何も見えないのだ。歩いているのはわたしだけ。１メートルの積雪のなかをスタジオまでとぼとぼ歩いた。２時間かけて。

スタジオに着くと、スタッフが言った。「こんな悪天候のなか、運転して来ていただいてありがとうございます」

わたしはこう返した。「いいえ。バスで来ましたから」。スタッフはあ然としていた。

撮影を終えると、わたしはまた深い雪のなかをとぼとぼ歩いた。

ずっと先の袋小路にバスが止まっているのが見えた。わたしが通りすぎようとすると、運転手がドアを開けた。

「立ち往生してしまったんですか?」わたしはきいた。

「いや。あんたが歩いているのが見えたから待ってたんだ。バスに乗るんだと思ってさ。だって、ほかに歩いていく場所なんてないからね」

バスに乗ったのは、わたしだけだった。バスの運転手の親切のおかげだ。


ここで学ぶべきは、他人の親切に感謝すれば幸せになれるということ。この本を書くまで、どれほど多くの人に親切にされたことか。それに、覚えておいて。親切にしてもらったおかげで、人生が楽になった。不快だったり、不幸せだったり、困難だったりする状況から救ってもらったのだ。それなのに見返りは求めない。そんな人が大勢いた。人生で起こった親切なできごとに感謝すべし。つらい状況に陥ったら、家族や友人、見知らぬ人にさえ助けを求めてほしい。そして、ぜひ、知らない人にも親切にしてほしい。

SUCCESS

第４部

成功

16

働く女性
——努力するほど幸運を呼びよせられる
WOMAN AT WORK : The harder you work, the luckier you get

「努力するほど幸運になれる」というのが、父の座右の銘だった。父もわたしも「大成功して、なんてラッキーなんだ」とよく言われたものだけど、それは違う。家族も友人たちも、わたしのことを「ラッキーだね」なんて言ったことはない。たしかに、タイムズスクエアの巨大広告や69歳で〈カバーガール〉のモデルになるのは、とてつもない幸運に見えるかもしれない。でも、自分の運を自分で切り開くには、努力しなければならないのだ。

トロントに移住したときに南アフリカから持ち出せたのは、わずかなお金のみ。一生懸命働いて、ヨハネスブルグで余裕のある生活を送れるようになっていたのに、資産が凍結されたせいで、初めからやり直さなければならなかった。

それでも毎月、南アフリカから学生ひとりにつき少額であれば送金できたので、4人とも学生だったわが家ではそれなりにまとまった金額になった。そのお金で食費をまかない、研究者として週10時間働いた給料で、アパートの家賃を支払った。さっそくモデルとしても働きはじめ、その収入をほかのすべての費用にあてた。

大学での仕事がすぐに始まったので、トスカの学校について検討する暇もないほど忙しかった。そこでトスカはあちこちから入学案内を自分で取り寄せ、最終的に近所の学校を選んで、申し込みに行った。ところが家に帰ったトスカは気づいた。授業が始まるまで、自分はこの狭いアパートで暇をもてあますだけだ、と。そこですぐ近くのハンバーガー店に行って雇ってほしいと頼み込んだ。

「週に何日働きたい？」と店長がきく。

「毎日働けます」

「法律では、きみは週6日しか働けないんだ」

さらに店長が何時間ぐらい働きたいのかと尋ねると、トスカは「1日12時間」と答えた。すると店長は、法律上1日8時間しか働けないと教えてくれた。トスカが初めて法律を学んだ瞬間だ。トスカはすぐに、その店で朝から夕方まで働いた。学校が始まると放課後はそのハンバーガー店に直行した。

モップ掛け、ゴミ捨て、トイレ掃除……。どれも初めての経験だった。慣れ親しんだ南アフリカとはまったく違う。南アフリカのトスカの部屋は彼女好みにデザインされ、壁一面のクローゼットのある、家でいちばんいい部屋だった。ところがトロントでは、わたしと寝室を共有し、ファストフード店のトイレを掃除する毎日。でも、トスカは「これが仕事なんだ」と自分に言い聞かせ、きちんと仕事をした。愚痴も一度もこぼさなかった。

トスカは1カ月間、ハンバーガーとフライドポテトを食べつづけた。南アフリカではファストフードなんて食べないから、それも初めての経験だ。でも、掃除係として働いたのは1カ月だけで、そのあとはドライブスルーのアシスタントマネージャーに昇格した。

その後、家からもっと近くに新しいアルバイト先を見つけた。今度の職場は高級スーパーで、賃金はハンバーガー店のほぼ2倍。これはトスカにとって経済学の授業のようなものだった。

いまでは、トスカは優秀な交渉人。自分の下で働く人たち全員を公平に扱い、仕事を大切にする人や長時間の労働もいとわない人を正当に評価している。

トロントでの生活は楽ではなかったが、わたしたちはいろいろなことを学んだ。モデルとして働いていたのに、クレジットカードはつくれなかった。クレジットスコアがなかったからだ。申し込んでも、申し込んでも、断られてしまう。つまり、手元にある現金に頼って暮らさなければならないのだ。そして、モデルの仕事で手に入ったお金は、たとえば温かいコートや靴、家族で使うシーツや毛布に消えていった。

あちこちの銀行に申し込んでもクレジットカードはつくれなかった。カードがなければ、クレジットヒストリーを築けず、自動車やオフィスのリース契約もできない。でも、どこの銀行もだめだった。

「デパートなら基準が少し甘いかも」と言って、デパートのクレジットカードを申し込むよう勧めてくれる人もいた。

そこでわたしは、上品なイメージの大型デパート〈イートンズ〉に行ってみた。

そこでも断られた。

担当者は、わたしがきちんと支払えるかを確かめるすべがないからだと説明する。そのとき、インフォメーションカウンターの奥の壁に母の日のポスターが貼られているのに気づいた。モデルはわたし。試しにそれを指さしてみた。

すると担当者の態度は一変。「すぐにクレジットカードを手配します」と言ってくれた。

なんという幸運！　思わず、〈イートンズ〉の撮影を思い出した。あの日は大学を1日休み、地下鉄とバスを乗りついでスタジオに向かった。それだけの価値のある撮影だったということだ。

わたしは生まれながらの恩恵にあずかった。すばらしい両親がしっかりした教育を授けてくれた。自費で勉強を続けたおかげで、3カ国8都市で開業することができた。モデルになれたのは、美しい母に容姿が似ていて、すらりとした父に似て背が高いおかげだ。モデル業で、わずかながらも追加の収入を得ることができたし、72歳のいまでは高収入を得ている。それを「幸運」と呼ぶこともできるが、少なくともわたしは50年間モデル業に熱心に取り組んできたし、健康と体重を維持するための努力はいまでも欠かさない——毎日、毎時間、毎分。これは運ではなく、努力の結果だ。

生まれながらの恩恵にあずからなかった人は、自分の才能を見つけ、努力しよう。SNSを通して、その才能を世界とあなたのまわりのみんなと共有しよう。わたしは、人は自分がどう生まれたかを忘れるべきだと思う。こんな言葉がある。「21歳になれば、あなたはもう孤児ではない」。自分の将来に自分で責任を持とう。努力すればするほど、幸運の女神があなたを見つけやすくなるはずだから。

17

欲しいものは欲しいと言おう

——忍耐は成功につながる

ASK FOR WHAT YOU WANT : *Persistence leads to success*

子どもたちが小さいころ、わたしは、「欲しいものは欲しいと言うように」と教えていた。

トスカが11歳のとき、アメリカ人歌手ローラ・ブラニガンのコンサートに連れて行ったことがある。トスカが大ファンだったからだ。そのころ、わが家にはそんな余裕はなかったのだが、コンサートが開かれるホテルのカメラマンと知り合いだったので、彼がチケットを取ってくれた。彼はトスカに、ステージで歌っているローラの写真もくれた。

翌日、わたしたちがレストランのテーブルに座っていると、驚いたことに、すぐ近くでローラ・ブラニガンがランチをとっている！

トスカはサインが欲しいのだが、声をかける勇気がないみたいでぶつぶつとこう言っていた。

「サインを頼みに行くなんて無理」

わたしは言った。「いい？　頼まなければその時点で答えはノー。でも、頼んでみれば、イエスと言ってもらえるかもしれない。だから答えはどっちか。ノーか、もしかしたらイエス」

トスカは少し考えてから、「わかった」と言った。

ローラの第一声はこうだった。「驚いたわ！　どうしてこの写真を持ってるの？」。どうやら、彼女はその自分の写真を見たことがなかったらしい。ホテルのカメラマンからもらったと伝えると、彼女は写真にサインしてくれた。大成功。トスカはいまでも、そのときのことを覚えているという。

トスカが〈パッションフリックス〉のために投資家を探していたときのこと。キンバルがこう言った。「会いつづけてくれる人は興味を持ってくれている」。のちに投資家を見つけたトスカは、この言葉が正しいとわかった。

はっきりノーと言われたら、別の道を進もう。

でも、ノーと言われていないなら、「イエス」のひとことがもらえるまで努力したほうがいい。

新しい都市に引っ越すたびに、栄養士の仕事をまた一から始めなければならなかった。南アフリカにいたときは簡単だった。医師たちはわたしのオフィスが診療所の近くにできることを喜んで、すぐに患者を紹介してくれた。だからわたしは、カナダではもっと歓迎されるだろうと思っていた。でも、そうはならなかった。

患者を紹介してほしければ、そうしてほしいと頼まなければならなかった。まずはトロントの医師たちに手紙を書き、治療の手助けができないかときいてみた。ところが、手紙は診療所の事務長のもとに届き、ほとんどが無視された。それでも、１００通も手紙を送れば、数人は連絡をくれると期待するのが普通だろう。

だが、トロントで第一弾の手紙を送っても、自宅の電話が壊れているんじゃないかと思うほど、誰ひとりとして電話をかけてこなかった。そこでわたしのほうから診療所に電話をかけた。事務長からはたいてい「医師は会いたがっていない」と言われた。それでもわたしは、電話をかけつづければ面談してくれる医師が20人ぐらいはいるだろうと信じていた。実際、20人とアポを取りつけられた。わたしは自らのアドバイスに従った。つまり、「確実な〝イエス〟」など存在しないが、頼まなければ「確実に〝ノー〟」ということだ。

待合室に座り（ときには1時間も）、面談を待った。ようやく面談してくれた医師に、糖尿病予備軍や高コレステロール、高血圧の患者を紹介してほしいと頼んだ。そういう患者は、正しい食習慣さえ身につけられれば、３カ月以内に血液検査の値も改善できるからだ。そのうえ、薬の副作用まで防げる。

医師たちは患者を紹介することに消極的で、よくこんなことを言われた。「食生活相談は保険でまかなえない。体重を減らすための薬を出すというなら話は別だがね」

こう言われることもあった。「患者はあなたの話なんて聞かないだろう」

でも、わたしにはわかっていた。機会さえあれば患者は話を聞いてくれるはずだと。2、３人だけでも紹介してもらえれば、はっきりとした成果を見せられるとも。正しい食習慣を身につければ、元気になるし気分もよくなる。でも、それには忍耐が必要なのだ。それがわたしの食生活カウンセリングの原則だった。その後、４人の医師がお試しで何人かの患者を紹介してくれた。

ほんとうの成果は一夜にして出るものではない。高血糖の患者がわたしのクライアントとしてやって来るとする。食事計画をきちんと守りさえすれば、その患者の体重は3カ月で約10キロ減るだろう。血糖値は正常になり、糖尿病のリスクも低下するはずだ。

患者の数値が著しく改善されたことに医師たちが気づくと、わたしの仕事は少しずつ増えていった。半年後には、朝7時半から夜7時半までクライアントを診断することに。週末や祝日は書類仕事に追われ、患者の報告書やら自己紹介書（業績を載せたパンフレット付き）やらを発送した。さらに、メディアの仕事をするために、新聞社や出版社やテレビ局に営業もかけた。でも、メディアはそう簡単には関心を示してくれない。わたしはまだまだ無名だったのだ。

知名度を上げるために、話術を磨くと同時に栄養士学会にも出席した。講演の仕事をもっと増やすためだ。これも長い道のりだった。講演で栄養学について語り、さまざまな企業にパンフレットを送る。それからまた別の講演を行い、さらにパンフレットを送る。気づけば、わたしはたくさんの講演をこなし、食品業界にアドバイスをするようになっていた。そのうち、オンタリオ州顧問栄養士の主席になり、まもなくカナダ顧問栄養士の代表となった。かつてはわたしに見向きもしなかった数々のメディアがひっきりなしに電話をかけてきて、ニュース記事へのコメントを求めたり、栄養について質問したりするようになっていた。

１９９４年、トロントに移住してから4年後、わたしはカナダ栄養士協会で講演を行った。聴衆のなかには、ある出版社の女性取締役がいた。

講演のあとで、彼女はわたしにこう言った。「ぜひ本を書いてください！」

忍耐強く続けてきたおかげだ。


一般に、女性のなかには、恥ずかしがり屋だったり、自信がなかったり、拒絶されるのを恐れたりして、自分が何が欲しいかをはっきりと言えない人がいる。男性はそういうことにはあまり悩まない。感じが悪く無能な人間だったとしても、自分のことを「有能」で、「出世や昇給にふさわしい」と思いがちだ。「自分はもっと便宜を図ってもらうべきだ」とか、「窓の付いた角部屋のオフィスをもらう資格がある」などと勘違いしている男性は驚くほどたくさんいる。

以前、ある女性に会ったときのことを思い出す。彼女は会社をクビになったばかりだった。新しい職はどこで見つけるつもりかと尋ねてみると、彼女はこう答えた。「仕事が見つかるかどうかは運に任せます」。わたしは、そんなことを言ってないで履歴書を送ったほうがいいと言った。もし、履歴書を20通書いて職が見つからなくても、かつてのわたしと同じになるだけよ、と。

辛抱したところで、いつでもうまくいくとは限らない。でも、忍耐が実を結ぶこともある。

「ノー」と言われたなら、別の道を進むことも必要。でも、どうしても欲しいものがあるなら、まずは辛抱強く「欲しい」と言いつづけよう。

18

最高の気分
——がっかりしすぎないこと

FEEL FANTASTIC : *Don't wallow in disappointments*

うちの子は３人とも大学に行ったけれど、それは１００パーセント、彼ら自身の選択だった。わたしはトロント大学に在籍していたので、子どもたちが医学か法律を専攻すれば学費が免除された。わたしと暮らせば家賃も食費もかからない。でも、彼らは自力でがんばるほうを選んだ。イーロンは物理学と経営学、キンバルは経営学、トスカは映画を専攻した。自分で奨学金とローンを申し込み、自分でやりくりしなければならなかったけれど、３人ともちゃんとそれをやってのけた。子どもたちが独立し、自活の道を選んでくれてうれしかった。きっと、わたしのつくる豆スープにうんざりしていたのだろう。

みんな、わたしが「空《から》の巣症候群」（子どもが独立したときに母親が喪失感を覚えること）に陥るんじゃないかと心配していた。これまでずっと子ども第一で生きてきたのだから。クライアントにも子どもが家を出てから寂しくてたまらなくなったという人が大勢いた。だから自分もそうなるだろうと思っていた。でも、うれしいことにそうはならなかった！　ほかの人の悩みがかならずしも自分の悩みになるとは限らない。前に、90歳の人がこう言っていた。「心配ごとの95パーセントは実際には起こらない」

トスカが出ていったとき、わたしは言った。「こんなに自由だなんて、信じられない」

20年ぶりにひとりきりの生活。いまでは、夜にエクササイズをしてもいいし、家族の食事を心配しなくてもいいし、裸で歩きまわってもいい。もっとも、実際に裸で歩きまわってみたら、Tシャツ姿のほうが過ごしやすいとわかったけれど。でも、そんな自由を謳《おう》歌《か》できたのも本の仕事をもらうまで。依頼を受けたあとは、夜に5時間、週末に12時間ぐらい原稿を書いた。初稿を完成させるのに３カ月かかった。

早く子どもたちに見せたくてしかたがなかった。

月に一度は、子どもたちの誰かに会いに行った。毎月２０００ドルを貯め、飛行機代と、子どもたちへのプレゼント代にあてた。節約のためにいちばん安い航空券を買い、シャトルバスではなく市営バスで空港に向かう。航空券を１５０ドルで買えたこともある。そうやって浮かせたお金は子どもたちのためのもの。子どもが欲しいと言えば、食べ物でも衣料品でも家具でも、何でも買い与えた。

イーロンに会うときはいつもウォートン（フィラデルフィアにある、ペンシルベニア大学のビジネススクール、ウォートン校）まで行った。「今日は何がしたい？」。あるとき、わたしはきいてみた。

するとイーロンは言った。「ニューヨークに行こう」

わたしたちはニューヨーク行きの電車に乗り、観光客らしくいろいろなところを歩き回った。ロックフェラーセンターで一息ついているとき、わたしはイーロンに書きかけの原稿を渡して読んでもらった。自分では、カロリーや代謝や必須栄養素といった、すばらしい情報を詰めこんだつもりだった。

読みはじめてすぐにイーロンは言った。「これじゃつまらないよ」

「どういうこと?」

「母さんはどうして毎日25人ものクライアントに会ってるの? クライアントはどういうことを知りたがるの?」

「そうね、食生活についてのアドバイスを求めてくる人がほとんどよ」

「じゃあ、それこそ本に書くべきだ」

若いときからイーロンはとても賢かったから、彼の言うとおりにすることにした。そのときから、わたしはクライアントがやって来るたびに本を書いていると伝え、こう尋ねた。「あなたの名前は出さないので、やりとりを書きとめてもいい?」

クライアントとのやりとりは、大きな助けになった。みんな、食事計画の話だけでなく、自分の見栄えをよくする方法や自信を保つ方法についても知りたがった。わたしがよく、髪型や服装を変えましょうとか、姿勢よく立ちましょうとか、笑顔でいましょうといったアドバイスをしてきたからだ。

そうしたことすべてを本に書いた。子どもたちに原稿を見せると、前より興味を示してくれた。そしてみんなで手伝ってくれたのだ。キンバルは5カ所のミスを直してくれた。トスカは、「わたしだって6カ所直したわ」と言った。母が大きな声で原稿を読み上げて、文章の流れを確認してくれたこともある。助け合える家族がいて、わたしは幸せだった。

出版社はわたしの原稿を受け取ると、『最高の気分（Feel Fantastic）』というタイトルをつけた。読んだあとの感想をそのまま言葉にしたのだという。そして、表紙にわたしの写真を使いたいと言った。撮影費用は出版社が負担するというので、知り合いのカメラマンに依頼し、スタイリングはジュリアが担当した。そのとき着た赤いパンツスーツは、それまで買ったなかでもっとも高価なスーツだったけれど、結果的にはとてもいい買い物になった。その後の講演でも何度も着ることになったからだ。当時はＳＮＳなんてまだなかったから、講演のたびに同じスーツを着ていても誰も気がつかなかった。

わたしのキャリアはようやくよい方向に進みはじめた。講演の契約は増え、おかげで本も売れた。この時期、ケロッグの本社で講演を行ったことがある。その講演では、健康な食事と自信について話した。栄養のある食事をとると、気分がよくなったり、自信を持てるようになったりするからだ。この講演からすばらしい話がころがり込んできた。ケロッグが出版社に、わたしの本の表紙をスペシャルＫシリアルのパッケージに使ってもいいかときいてきたのだ。当時ケロッグが進めていた「女性の自信向上キャンペーン」の一環だった。

わたしは、自身の著書がシリアルの箱に載った初めての栄養士になった。しかも、本の表紙はわたしの写真！　まさに最高の気分だった。ケイはスーパーで、わたしの写真が載ったシリアルが棚いっぱいに並んでいるのを見て大感激した。

ケイは通りがかりの人に話しかけた。「これ、わたしの双子の姉なの！」

その人は感激した……なんてことはなく、びっくりして逃げていった。

ケイからこの話を聞いて、わたしたちは大笑い。

わたしは、仕事についても子どもたちについても、さらには自分の著書についても自信に満ちあふれていた。長いあいだ家を借りていたが、46歳にしてようやく新しい挑戦をする準備ができた。マイホームを持つときがきたのだ。

それなりに貯金もしてきた。すると、トロントのわたしの診療所の隣にある2階建ての小さな家がちょうど売りに出されていた。当時、カナダで家を買うときの頭金は総額の5パーセントでよかった。家の価格は20万ドル。わたしの口座には1万ドルあった。人生で初めて貯めたお金だ。

高級ショッピングモールのなかの銀行に行き、ローンを申し込むことにした。支店長は、わたしがそのショッピングモールでモデルをしていたのを知っている。だから、それが役立つだろうと思ったのだ。いまのわたしにはちゃんと収入があるのだから、当然オーケーが出ると思っていた。でも、2週間過ぎても銀行から連絡がない。しかたなく、銀行にもう一度行ってこう言った。

「ローンの件なんですが、1週間前に連絡をくれるはずじゃなかったんですか？」

支店長は気まずそうに言った。「実は……審査に通りませんでした」

わたしの過去5年間の収入が基準に達していなかったというのだ。わたしは会社の単独経営者なので、融資をするにはリスクが高すぎると判断したようだ。

驚いただけじゃなく、打ちのめされた。わたしはずっとこの銀行のよい顧客で、支店長はわたしがここのモデルになっていたことも知っていたはず。それなのに、審査に通らなかったのだ。とはいえ、栄養士の仕事はこれまでどおり次々と舞い込むので、落ち込んでいる暇なんてなかった。これはたんに計画が少し遅れただけ、と自分に言い聞かせた。自分のことを認めてもらうために、わたしはもっと貯金しなければならなかった。

わたしがあわただしい日々を送っているあいだ、キンバルもトロントで働いていて、わたしのオフィスの電話で毎日のようにイーロンと話していた。気づけば通話料金が８００ドル。わたしはキンバルに、そんなに話すならカリフォルニア州のパロアルトにいるイーロンのところに行ったら、と言った。その後、キンバルはシリコンバレーに引っ越し、テクノロジー企業の立ち上げ準備をする。インターネットブームが始まったころだ。キンバルとイーロンが初めて立ち上げたその会社は〈Zip2〉と名づけられ、地図や、出発地から目的地までの道案内サービスを提供した。世界的に有名な何社かと連携し、そのサービスは生活をよりよくするすばらしいアイディアだった。彼らをサポートするためなら何でもしたい。そう思ったわたしは、ふたりのもとを6

週間ごとに訪ねた。食事を用意し服や家具を買ってやり、印刷費用もわたしが支払った。彼らはアメリカでクレジットカードをつくれなかったので、わたしがカナダでつくったクレジットカードを使って。

資金はほとんど底をついていたが、事業を続けるためには現金が必要だった。幸運なことに、わたしの口座には例の1万ドルが残っていたので、ふたりにそれを渡した。わたしは息子たちを信じていた。

ベンチャー投資家と会う前の晩、キンバルとわたしは〈キンコーズ〉に行き、プレゼンテーション資料をカラー印刷した。料金は1ページ1ドルもしたので、わたしが支払った。かなりの出費だ。

結局、その晩は徹夜。翌朝、わたしたちは疲れ切っていたけれど、もちろんイーロンだけは元気だった。彼は寝なくても大丈夫なのだ。イーロンはいつだって遅くまで起きて、プログラムのためのコードを書いていた。

イーロンとキンバルは、それまでたくさんのベンチャー投資家に会い、何カ月もかけてアイディアを売り込んできた。ついに、その朝会ったふたりの人物が初めて投資を申し出てくれた。わたしたちはすっかり有頂天になった。

その晩、わたしは言った。「街でいちばんのレストランに行きましょう」

入ったのはとてもすてきなレストラン。疲れ切った顔をしたわたしたちに、店のスタッフが最高のサービスを提供してくれた。どうしてあんなに感じがよかったのか、いまでもわからない。何を食べたのかさえよくわからなかった。それまでは〈ジャック・イン・ザ・ボックス〉みたいな、さっと食べられて値段も安い、しかも夜中の2時でも開いているようなファストフード店の料理ばかり食べていたのだから。キンバルも、〈ジャック・イン・ザ・ボックス〉のチキン・ファヒータ・ピタの味をいまでもよく覚えているという。

会計をすませると、わたしはふたりに言った。「わたしがクレジットカードで支払うのはこれが最後よ」

そして、実際そのとおりになった。

つまり、「がっかりしすぎるのはやめよう」ということ。何かに失望したときには、別の方向に進もう。クビになったり、仕事が見つからなかったりしたときには、落ち込んでばかりいないで、まずは動いてみよう。ローンの審査に通らなかったのなら、クレジットスコアを稼ぐためにコツコツ働こう。ここに挙げたことはすべて、わたしが実際に経験してきたことばかり。結婚や恋愛はうまくいかなかった。たくさんの会社から不採用の連絡を受けた。わたしの人生はレールをはずれ、いくつもの都市や国に移り住むことになった。

恋愛について言えば、昔は男性に捨てられると半年は落ち込んでいた。でも、いつしかそれが

3カ月になり、3週間になり、3日になった。いまとなっては、あんなに落ち込まなければよかったと思う。失意に打ちひしがれている人は魅力的じゃない。まわりの人までイライラさせる。そのままだと、みんながあなたのもとを離れていく。

クライアントが悲しそうな顔でやって来るたびに、わたしはまっすぐに前を見て歩き、笑顔でいるようにと伝えた。クライアントに悲しそうな顔をされると、わたしの1日までもがみじめになってしまうから。彼らは笑い、わたしのアドバイスに感謝してくれた。

お金に余裕がないときにモデルの仕事を逃したとしよう。かつてのわたしなら不安でたまらなくなっていたはず。でも、いまなら平気だ。さらには、これで犬と遊ぶ時間ができたわ、とまで考えられる。うちの犬はわたしが近くにいるといつもうれしそうだ。年をとることのすばらしさのひとつは、たとえ落ち込んでも、すでにそれを耐えぬいた経験をもっていること。立ち直るのも若いころよりずっと早い。

わたしからのアドバイスは、できるかぎり前向きでいること。あなたの苦しみは、きっと時間が癒《い》やしてくれる。過去のわたしよりも早く、失意から立ち直れるようにがんばってほしい。犬を飼うのもいいかもしれない。

19

前に進もう

——再出発がベストな策かも

MOVE AHEAD : Starting over could be the best thing you do

誰でも引っ越しするときには理由があるもの。引っ越しは大変なので、それに見合うだけの理由がいる。

わたしの母は、ムースジョーからレジャイナに移り住み、そこで仕事を始めた。レジャイナに引っ越す前、母はニューヨークやシカゴといった大都市でダンスレッスンを受けていた。父は幼少期を過ごした農場を離れてカイロプラクターとなり、レジャイナに引っ越し、そこで母と出会った。わたしたち家族が南アフリカに引っ越したとき、父はプレトリアに住むことを決意する。ライラック色のジャカランダが美しかったからだ。

若いころのわたしが引っ越す理由は、勉強や就職だった。その後、たんに「この土地を離れたい」という気持ちから、あるいは「理不尽な状況から逃げるため」に住む場所を変えるようになった。さらに時間がたつと、子どもたちの近くにいるため、つまり自分が幸せになれる場所を求めて引っ越した。もともとじっとしていられない性分で、新しい国、新しい町、新しい文化を探検したり、学んだりするのが好きなのだ。ケイからは落ち着きがないと言われるけれど。子どもたちが引っ越したのは、チャンスをつかむためだったり、勉強のためだったり、自分自身の家族をつくるためだったり。わたしは子どもたちの近くにいるために引っ越したり、離れたり、そしてまた近くに移ったりを繰り返した。

大人になってから3カ国と9都市で暮らした。引っ越しはいつも大変だった。とくに、新しい国に移住するのは大仕事だ。カナダの法律が変わり、子どもたちがわたしの市民権を受け継げるようになったとき、彼らはカナダへの移住を望んだ。事務手続きには数カ月かかった。そのあいだ、書類の記入のしかたを知るために列に並んだり、助言をもらうために待合室に座ったり、大量の書類を提出したり、追加の書類が必要になったり……。ところが、ようやくカナダの市民権を手に入れたとき、わたしはカナダ生まれなので提出した書類はじつは全部不要だったと判明したのだった。

トロントでは二度、ニューヨークでは三度引っ越した。じっくりと時間をかけて計画を立て、輸送費をかける価値のあるものだけを段ボール箱に詰める。かつては大量の学会誌も荷造りしていたが、場所を取るだけじゃなく重さのせいで輸送費が高かった。幸いいまはインターネットがあるので、荷造りの必要があるのはノートパソコンだけ。論文はすべてオンライン上に掲載されている。きっちりした計画を立てることが必要だけれど、そのためには大量のゴミを捨てないといけない。モノを減らすだけでなく、心もすっきりさせないと。

子どもたちから「近くに引っ越しておいでよ」と誘われたのは、トロントでも仕事が成功し、充実した生活を送っていたころだった。そのときまでは引っ越すことなどまったく考えていなくて、ずっとトロントに住むつもりだった。でも、新しい計画を始めるべきなのかもしれないと思った。

アメリカへの移住は過去のどの引っ越しよりも大変だった。わたしの父はミネアポリス生まれだったので、まず移住できるかどうかを確認するためにトロントのアメリカ領事館に足を運んだ。２００人もの移民希望者にまじって数時間待ったあと、大量の書類に記入し、添付する証明書類を探さなければならなかった。ようやく総領事館に行けることになったのは半年後。ところが、そこで半日待たされたあげく、わたしにはアメリカの市民権が取れないことが判明した。父がカナダに移住したのが、わたしが生まれる６年以上前だったからだ。アメリカ移住の道は閉ざされ、わたしはＨ-１Ｂビザ（専門技能職の就労ビザ）を申請しなければならなくなった。これにも数カ月かかった。

アメリカの国家試験に合格し、アメリカの栄養学を覚えるために、48歳にして独学で勉強しなければならなくなったわたしは、メートル法の代わりに、ポンドとオンス、フィートとインチの単位を使わけければならなくなった。でも、それは、世界じゅうで役に立った。

当時、わたしはひどい坐骨神経痛に苦しんでいて、人付き合いもできないほどだった。とはいえ、痛みはひどくても働くことはできたし、あおむけのまま勉強もできた。これは、うれしい誤算だった。驚くことにわたしは試験に合格し、トロントのオフィスを売ってカリフォルニア州のマウンテンビューの息子たちと同居を始めた。

ところが到着してみると、そこには山《マウンテン》も眺望《ビュー》もない。子どもたちもいない。昼も夜も働いていたからだ。キンバルは、あのとき、わたしが同じ家で3週間も暮らしていたことを覚えてすらいないけれど、無理もない。彼らはずっと働いていたのだから。

わたしは言った。「もっとわくわくした人生を送りたいなら、もっと大きな街へ移らないと。サンフランシスコに引っ越さなきゃ」

予算は厳しかった。まだ診療所を開いていなかったから。それに、前の診療所を売ったお金はあまり長くもちそうになかった。

キンバルの車を借りてサンフランシスコに向かい、アパートを探しに行く。アメリカでのクレジットスコアがなかったので、きちんと見えるスーツを着て保証小切手を持ち、賃貸物件のための長い行列に並んだ。でも、失敗に終わった。それでも、最終的には、ノブヒルにあるワンベッドルームの家具付きアパートを貸してくれる不動産仲介業者が見つかり、カナダのクレジットカードも使えた。いま振り返るとこの部屋を借りられたのはよかった。移住に際して荷物をほとんど持ってこなかったために、荷物の大部分は栄養学の学会誌と書籍だったから。部屋を訪れた友だちはみな、アパートがとても古いとか、わたしらしくないとか言ったが、そんなことは気にならなかった。家賃が割安だったのだ。この部屋で何よりもよかったのは、一階に図書室があり、そこをオフィスとして使えたこと。

もう一度、前と同じことをしてみた。医師に手紙を書き、試しに患者と会わせてほしいと頼む。サンフランシスコ各地で行っていた講演の多くは無報酬だったけれど、それはわたしが新参者で、とにかくそうした場に積極的に出る必要があったから。無報酬の講演はたいてい主催者が頼りなくて、出席する人もほとんどいない。でも、気にしなかった。そこでクライアントが見つかることがあったからだ。

講演を行うたび、そのプログラムを印刷して宣伝に使った。さまざまな栄養士協会や栄養学関連の団体にプログラムを送り、わたしの手が空いていることを知らせたけれど、反応はほとんどない。

診療再開に時間がかかりすぎ、お金は底をつきそうだった。3カ月後、わたしは泣いていた。家賃が払えなかったのだ。

息子たちに電話をかけた。キンバルは「そんなふうに取り乱して泣くのを初めて聞いた」と言った。

「ぼくたちが家賃を払うよ」ふたりは言ってくれた。

わたしは断ったが、ふたりは譲らなかった。「どうせ働きづめで給料を使う暇なんてないからいいんだ」

そこで、もっと安くて、わたしでも家賃が払える部屋を探すことにした。唯一見つかったのは、テンダーロインという治安の悪い地区のすぐ近く。汚くて薄暗く、廊下はいやなにおいがしたけれど、家賃は手頃だった。子どもたちはわたしの甥《おい》とやってきて、引っ越しを手伝ってくれた。同僚の栄養士から以前買ったベッドを、トラックをもっている友人が運んでくれた。わたしのわずかな持ち物もワンルームのアパートに運び込まれた。

別の栄養士の友人は、3軒のフィットネスセンターでの仕事を譲ってくれた。彼女はそこから1時間半もかかるところに住んでいたので、数人のクライアントを診るためだけに長時間移動するのは割に合わないからと言って。その仕事のおかげで、もう少しサンフランシスコに住めることになった。

1998年、わたしの50歳の誕生日に、子どもたちが木製の家と車のミニチュアをプレゼントしてくれ、いつか両方とも本物を買ってあげるからねと言ってくれた。とてもすてきな祝い方だった。そして、実際に息子たちはZip2を売却すると、わたしが欲しい家と車を探そうと言った。

トスカはサンフランシスコ市内の家探しに付き合ってくれたが、ほんとうはわたしに、自分が住むロサンゼルスに引っ越してきてほしいと思っていた。そこでわたしたちは、ロサンゼルスでも家を見てまわった。そのときちょうど、栄養士の起業がテーマの講演を行うためにニューヨークを訪れることになった。びっくりした。ニューヨークの人たちは話すのも歩くのも考えるのも速く、有言実行の人たちだったからだ。わたしは思った。「この人たちはわたしと同類だ」

そこで、子どもたちにこう宣言した。「ニューヨークに引っ越すわ」

「どうして？」

「刺激が必要なの」

ニューヨークでは、クライアントの共同経営者のソファで寝かせてもらいながら、賃貸物件を見てまわった。

すると、不動産の仲介業者に言われた。「アッパーイーストサイドに住まないといけません」

「ダウンタウンじゃだめなの？」

「だめです。42丁目より南には誰も住みませんよ」

またしても、わたしに部屋を貸したいという人はいなかった。クレジットレコードがないせいだ。「1年分を現金で前払いするのはどう？」。わたしはきいた。

「そんなことをするのは麻薬王か売春婦だけです」と仲介業者。

「家具付きのアパートなら、カナダのクレジットカードで月額払いができるかもしれない」。ある人が教えてくれた。とうとうわたしは、戦前に建てられたアパートの10階の部屋を見つけ出した。パーク・アベニューとブロードウェイのあいだの22丁目。賃貸ではないが、わたしにも買える値段だった。部屋にある大きな窓からは給水タンクが30個ほど見える。「これってかなりクールですよ」。仲介業者が言った。

残りの人生はニューヨークで過ごすつもりだった。ニューヨークにいれば、世界の中心にいられるのだから。けれどもあとになって、わたしもほかの人たちのように、共同住宅ならではの問題を抱えるようになる。わたしはしだいにニューヨークに幻滅していった。

そのころ、トスカに双子の赤ちゃんが産まれ、産後の手伝いのためロサンゼルスに行った。ニューヨークへはなかなか戻らせてもらえなかったので、わたしは思い切ってアパートを売り払い、植物と台所のものすべてを人に譲った。荷物の一部は倉庫に保管し、家具の一部は家族に送った。トスカと一緒に8カ月暮らしたあと、そのままロサンゼルスにアパートを購入した。この引っ越しは大正解だった。相変わらず出張ばかりだったものの、ロサンゼルスに住むふたりの子どもと7人の孫の近くにいられるのはとてもハッピーだった。

学ぶことがあるとはいえ、引っ越しはいつもひと苦労だ。だからわたしは、かならず事前に計画を立てる。持っていくほどではないものは誰かにあげ、大きなものは売り払い、保管すべきものは倉庫に入れる。いざ移り住んでからも、初めの数年は苦労ばかり。孤独だし、物理的にも精神的にも時間を無駄にしている気分になる。自営業なので、たとえ同じ市内での引っ越しでも、クライアント全員に住所変更を知らせなければならない。それでも、引っ越しにはそれだけの価値があった。住む場所を変えたところで何も変わらない、と信じている人にまで勧めるつもりはない。でも、引っ越すことで少しでもよくなると思うなら、試してみる価値はある。

新たな人生を切り開きたい、悪い状況から逃げ出したい、何でもいいからチャンスをつかみたいという人にとっては、引っ越しがいちばんかもしれない。

20

殻を破る

——自分の限界を広げよう

OUT OF CHARACTER : *Push your boundaries*

人生ではよく、あまり気の進まないことを頼まれる。たとえば、人前で話すことが苦手だと言う人は多い。立ち上がって会議で挨拶をする。クライアントと世間話をする。投資家の一団に向かって自分の事業は価値があるとアピールする、などなど。

でもわたしの場合、講演をするときはいつも、自信をもって臨んできた。難しくなんてない。栄養学の知識には自信がある。勉強を続け、5年ごとに75時間以上のプログラムを受けて資格を維持し、新しい研究について毎日インプットしている。

モデル業では、商業モデルとしては——つまりカタログや航空会社、ホテル、歯や髪やメイクのモデルとしては——自信がある。

でもわたしにも、気の進まないことはある。

新しい都市に移り住み、見知らぬ顔ばかりがいる部屋に入っていくのはいつだって気が進まなかった。これについてはすでに書いたとおり。

それから、モデル業でも気の進まないことがあった。60歳を過ぎてから、二度もヌード撮影があったのだ！『タイム』誌のヌード撮影を打診されたとき、わたしは言った。「断ります。わたしはヌードにはなりません」

それでも、スタッフから何度も依頼がくる。そこで、キンバルとトスカに電話をかけて相談した。

「ヌードなんてダメよ」とトスカ。

「ママ、あの『タイム』だよ。すばらしいじゃないか」とキンバル。

キンバルは正しかった。結局、撮影は何の問題もなく終わったのだ。

慣れ親しんだことではない依頼があったときには、断ってもかまわない。わたしも50年間、ヌード撮影を断りつづけてきた。でも、そのときのわたしはこう考えたのだ。『タイム』でなら、一度試してみてもいいのでは？　カメラマンは有名人で、その仕事ぶりはすばらしかった。試す価値があったのだ。

撮影の準備を落ち着いてこなせるかどうか不安だったけれど、わたしには専用の部屋が用意され、ふたりの女性スタッフが自然な感じのヘアメイクとネイルを施してくれた。何の問題もなかった。

床に座ったわたしの正面には鏡が置かれ、どんな写真を撮られているかをそのまま見ることができた。

まもなくカメラマンが入ってきた。男性のカメラマンだったが、淡々と撮影し、撮影が終わると出て行った。これもまた、何の問題もなかった。

上品に仕上げられた写真は美しかった。結局その写真は『タイム』の表紙ではなく、健康コーナーの中扉として使われた。わたしのエージェントはそのことに不満だった。依頼時に言われていたカメラマンではなかったことにも納得がいかないようだった。

自分のヌード写真が売店にずらっと並ばなかったけれど、そんなに残念じゃなかった。むしろ、そのほうがよかったのだから！

ある日、『ニューヨーク・マガジン』誌からニュージャージーの事務所に電話があった。またしてもヌード撮影。今回はデミ・ムーアのポーズをリクエストされた。つまり、わたしを妊婦のように見せたいということだ。

わたしはトスカと一緒だった。「信じられる？　わたしにデミ・ムーアのポーズをとってほしいそうよ」

「引き受けて！」今回はトスカも乗り気だ。

「どうして？」

「だってあの伝説のポーズよ！」

あまり引き受けたくなかったけれど、トスカの言葉で気が変わった。

自然に見せたいとのことで、照明は抑えめ。スタッフはわたしを70歳に見せようとしていたのだ。当時、わたしはまだ62歳だったのに、年齢よりずっと老けて見せたいという希望だった。これまでにもそういう撮影はよくあったから、気にしなかった。

肌色の下着を身につけ、バストトップをシールで隠してはいたが、やはり裸になった気分だった。

実際に妊娠中の女性も撮影に呼ばれていた。出産予定日はちょうどその週。その女性は自分のお腹の下にタトゥーがあることを忘れていたので、スタッフがあとで写真をレタッチして消さなければならなくなった。ふたりの写真を撮ったあと、わたしのお腹に妊婦のお腹の画像を合成して、妊娠しているかのように加工した。

写真は世界じゅうに広まり、テレビ番組や新聞で紹介された。見出しはこうだ。〈何歳まで出産できる？　50歳を過ぎて親になる——子育ての最後のフロンティア〉。

おかしかったのは、その数ヵ月後の撮影で会った人たちがおもしろがって、「妊娠太りを解消できたね」と言ったこと。妊娠なんてしてないし、わたしは62歳よ！

そのあと、みんなからきかれた。「これでヌード撮影に対する抵抗はなくなった？」

とんでもない。ぜんぜん落ち着かなかったし、すごく変な気分だった。もし落ち着いて見えたとしたら、それはわたしがプロのモデルだから。反対に、もしソワソワしているように見えたとしたら、わたしがどちらの雑誌も信頼し、自然体でいられたということ。いまのわたしはヌード撮影がどんな感じかわかっている。だからもう、試す必要はない。

　慣れ親しんだことから一歩外に踏み出したおかげでチャンスをつかんだことは何度もある。ある写真撮影では「マーサ・グレアムのように踊ってください」と言われた。モダンダンスの先駆者といわれる舞踏家だ。ダンスが不得意なわたしはビデオを見て研究し、ただひたすら動きをまねた。バレエ団のトップダンサーとのショットもあった。「ぼくの腕のなかに倒れ込んでください」と言われ、そのとおりにすると、最高の気分だった。彼はとてもたくましかった。わたしはまるでプロのダンサーのように見えた。困るのは、それ以降の撮影で、みんなから踊ってと頼まれたこと！

〈カバーガール〉の撮影は屋上で、しかもヒールで踊るように頼まれた。踊れないと言っても、誰も信じてくれない。マーサ・グレアムの撮影があったせいだ。スタッフを説得し、振付師を呼んでもらわなければならなかった。わたしは、振付師がカメラの後ろで踊るのをまねただけ。それ以降は、たくさんの撮影で踊らされた。こんなこと、誰が予想できただろう。

　オンライン雑誌『ハイプビースト』の撮影では、ヒップホップ系のストリートファッションを身にまとった。ミレニアル世代という新たな層にアピールし、おばあちゃんでもストリートブランドのモデルになって、流行に乗れることを示した。でも実際は、テレビドラマ『Empire／エンパイア 成功の代償』の出演者たちのダンスを必死で覚えなければならなかったのだけれど。もっと興味を持っておけばよかった。とはいえ、スタッフはみんな撮影を楽しんでくれ、結果的にこの撮影はとてもおもしろいものになった。わたしに、新たなファッションジャンルでの活動の場をもたらしてくれたのだ。この撮影のおかげで、ファッションに年齢の限界はないと伝えることができたと思う。

　大事なのは、ときには自分のスタイルどおりにいかないこともあるかもしれないけれど、何でも挑戦してみること。そして、年齢なんかで自分を制限しないことだ。

21

インスタの有名人
——何歳だって新しいテクノロジーを覚えられる

INSTA-FAMOUS : You’re never too old to learn a new technology

テクノロジーには心から感謝している。イライラしたりストレスがたまったりすることもあるけれど、同時にすばらしいものを手に入れられる。わたしの家族はみんな、テクノロジーの恩恵を受けてきたし、変化を積極的に受け入れてきた。仕事や生活、そして地球をもっとよいものにしてくれるかもしれない変化。テクノロジーもそうした変化の一部なのだ。

わたしの子ども時代から比べると、テクノロジーは大きく変化した。8歳のころ、父の事務所の手伝いで使っていたタイプライターは、インクリボンを手動で交換しなければならない重くてうるさいシロモノだった。時代とともにタイプライターは改良され、とうとうワープロが誕生した。わたしも30代の終わりごろに手に入れたけれど、ワープロはすばらしかった。ただ、訂正はできても保存ができなかったので、ページを印刷しておいて打ち直す必要があった。これこそが最初の「カット・アンド・ペースト」。紙を切り取り、紙片を床じゅうに置いてから、正しい並び順に貼り付け、それを打ち直す。論文を14回も打ち直したので、ひとつめの修士号を取るのに4年もかかった。でも、ふたつめは15カ月しかかからなかった。そのときにはコンピュータを持っていたからだ。

まだインターネットもない時代。インターネットが登場したのは、わたしがサンフランシスコに引っ越したころだ。

当時、息子たちはテクノロジーの最先端にいた。Ｚｉｐ２の立ち上げの際、ベータ版のモニターを頼まれることがよくあった。わたしに理解できないところがあれば修正し、誰にでも簡単に使えるようにするのだ。道案内サービスの開発が始まったばかりのころ、目的地までの道のりを印刷して車で出かけたわたしは、家に戻れなくなってしまった。一方通行の道路に出るたびに、来た道を戻れなくなったからだ。後日、その部分も修正項目に加えられた。

わたしは栄養士の仕事を増やすために息子たちと取引をした。Ｚｉｐ２の従業員に栄養についての講演をする代わりに、わたしのウェブサイトをつくってもらうのだ。4ページのウェブサイトだった。

自分のサイトを持っている栄養士はわたしが初めてだったと思う。パンフレットを配るよりもずっと効果的に宣伝できるようになった。紙媒体は情報に変更があるとすぐに使えなくなるのに、サイトなら簡単にアップデートできる。こうして、１９９０年代後半から、サイトを通して栄養士業を宣伝しはじめた。多くの人がサイトを見てくれたので、講演やメディア出演、スポークスパーソンとしての仕事がたくさん入るようになった。２０１０年ごろには新たなサイトを立ち上げてモデル業の作品集を載せ、自らの50年のキャリアを紹介した。

ＳＮＳはどの仕事でもとても役に立つ。わたしはずっと前からツイッターを活用している。栄養学の研究や、興味深いニュースをシェアするためだ。ツイッターがきっかけとなって、健康関連のインタビューや講演の仕事を依頼されることもある（わたしの大好きな仕事だ）。フィードバックが来るのもうれしい。研究活動をツイッターに投稿すると、フォロワーがすぐに返信をくれる。「おもしろかった」とか「つまらなかった」とか、「次はこういう情報が知りたい」とか。そのおかげでわたしは、みんながどういうことに興味を持つのかをつねに知ることができる。実にすばらしい。

インスタグラムでは、雑誌用に撮影した写真を何枚か投稿した。白髪の女性（わたしだ）がそれぞれ違う雰囲気で写っている。その後、いちかばちかの賭けで、ジュリアとパリに行ってみた。費用は自分もち。目的は自分への投資だ。わたしたちは、パリ・ファッション・ウィークにやって来た67歳のストリートスナップ風の写真をつくりあげた。トップブランドのショーには招待されていなかったけれど、パリの街角でいろいろなファッションに身を包み、さまざまな瞬間をインスタグラムで共有した。新進気鋭のデザイナーの服を着て、インスタグラムで知り合った、フランス人のストリートスナップ専門カメラマンに撮影してもらったのだ。

この投資は報われた。トップブランドのショーや〈カバーガール〉といった仕事への道が開けたのだ。数年たったいまでも、そのときの写真からインスピレーションを得たという撮影に呼ばれることがあるほどだ。とはいえ、もし効果がなかったとしても、投稿用にドレスアップして撮影し、友だちと笑顔で過ごせたのはすばらしい経験だった。IMGモデル（世界最大のモデル事務所）との契約や最年長での〈カバーガール〉のモデル就任、モデルの仕事を手に入れるためのオーディションに行かなくてよくなったのは、すべてSNSのおかげだ。

　SNSはハイファッションの世界とわたしを結びつけてくれた。わたしのフェイスブックの写真を見たデザイナーが、ロサンゼルスで開催される自分の映画のプレミアに招待してくれたこともある。友だちをひとり連れて行ったが、会場に知り合いは誰もいなかった。プレミアでの写真をオンラインに上げると、そのデザイナーからショーでランウェイを歩いてほしいと依頼された。人生初の、ニューヨーク・ファッション・ウィークのウォーキング。67歳にして初めて、オートクチュールショーのランウェイを歩くことになったのだ。白と銀の美しいドレスを着たわたしは――髪は白かったが――花嫁のようだった。観客席にいた友だちによれば、観客はわたしのウォーキングを見て驚きの声をあげ、拍手したという。こんな年齢のモデルがステージにいることに驚き、喜んでくれたのだ。デザイナーはわたしともうひとりのモデルに、フィナーレで自分の両脇を歩いてほしいと頼んだ。なんという名誉だろう。

　フェイスブックやインスタグラムのパワーを知ったわたしは、SNS上で、ニューヨークへ行く予定だと公表した。すると、カメラマンからテスト撮影の依頼が次々と舞い込んできたので、全員にオーケーの返事をした。どの撮影がうまくいくかなんて予想できない。試してみるしかない。ひどい写真もあれば、すばらしい写真もあった。それを投稿するとモデルの依頼がまた増えた。

　世間はよく、テクノロジーが人と人を引き離したとか、孤独にしたとか、そういうことを言いたがる。でも、わたし自身はそうじゃない。テクノロジーはわたしを、新しい友だちや昔からの友だち、潜在的なクライアントに引き合わせてくれた。自分の住む町にわたしがいるのを知って、友だちから急に声をかけられることもある。世界各地の家族や友だちと話せて、顔だって見られるのだ。双子の妹と毎晩、フェイスタイムで話すこともできる。カリフォルニアの孫たちは、ニューヨークやコロラドのいとこたちとゲームをして楽しんでいるらしい。電報を送ったり電話をかけたり、届くまでに6週間かかる手紙を書いたりするしかなかった時代に起きたさまざまな行きちがいを思えば、現代のテクノロジーは奇跡のようだ。

　そうはいっても、テクノロジーには思うようにならないところもある。そのうえ、新しいテクノロジーはたいてい難しい。アップデートのたびに混乱させられるし、間違ったりもする。インスタグラムが何かの機能をアップグレードしたとき、投稿するつもりのなかったビデオを突然3本も投稿してしまい、真夜中にすべてを削除したこともある。ものすごくイライラさせられるけれど、そういうときはインターネットで解決法を検索し、自分で乗り越えるほかない。でもだからといって、わたしがテクノロジーを利用するのに年をとりすぎだということはない。母を見習うべきだろう。母は94歳でコンピュータを使ったデジタルアートを始めた。手が震えてそれまでのような絵を描けなくなったからだ。つまり、年齢のせいで、というのは理由にならない。おもしろかったのは、診療所に栄養士のインターンを受け入れたときのこと。NYU（ニューヨーク大学）やコロンビア大学、その他の大学から選択科目としてインターンをしに来た学生たちが、自分たちよりわたしのほうが最新テクノロジーに詳しいと知り、驚いたのだ。

テクノロジーはあなたの可能性の扉をいくつも開いてくれるだろう。それは仕事や健康につながることかもしれないし、気の合う友だちが見つかることかもしれない。新しいテクノロジーを学ぶのに、年をとりすぎているということはけっしてないのだ。

22

すべての独身女性たちへ

——誰かを愛すれば幸せになれるが、ひとりでも幸せになれる

ALL THE SINGLE LADIES :
You can be happy in love, and you can be happy on your own

わたしはよく人にアドバイスをするけれど、デートについてのアドバイスはしない。人生でたくさんの成功を経験してきたが、恋愛となると話は別だ。これまでたくさんのデートをしてきたし、すごく好きだった男性も何人かいた。でも、残りの人生を一緒に生きたいと思える人とはめぐり会わなかった。ときどき、デートについて、こうアドバイスする。「わたしからのアドバイスを受けないように！」。愛についてのアドバイスならある。「誰かを愛すれば幸せになれるけど、ひとりでも幸せになれる」。自分に合う人を見つけられないなら、家族や友だち、仕事への愛を見つければいい。

結婚が幸せの秘訣だと考えるなら、結婚している友だちと話してみるといい。わたしが若かったころ、「ひとりでは幸せになれない」なんて誰からも言われなかった。とはいえ、１９６０年代は20歳で結婚するのが普通で、独身の人などひとりもいなかった。そのころの夫婦のうち、何

組がいまも幸せで、何組がまだ結婚生活を送っているのだろう？　よきパートナーを持つのはすばらしい。わたしの両親や兄弟、双子の妹ケイは、みんな結婚して幸せを見つけた。わたしは31歳で離婚し、再婚はしなかった。それからもう40年。人からは「期待していないときに愛が見つかるかもしれない」なんて言われたものだ。人生のほとんどを期待せずに過ごしてきたのに、それでも愛を見つけることはなかった。努力はしてみたけれど、わたし自身以上にわたしの人生をよくしてくれる人なんて見つからなかったのだ。

初めてのデートは13歳のとき。双子の妹のケイがきっかけだった。ケイがボーイフレンドと出会ったのは、わたしたちが通っていたダンススクールだった。ふたりきりでの外出は禁止されていたので、ダブルデートするしかなかったのだ。彼はケイに、「メイのデート相手なら簡単に見つかるよ」と言ってくれたけれど、わたしが付き合いたいと思うほど魅力的な男の子はいなかった。デートした男の子はわたしに夢中になったかと思うと、次に会ったときにはよそよそしくなり、また夢中になり、次にはまたよそよそしくなった。あれはいったい、何だったのだろう。「押したり引いたり」の恋愛には、とても傷つけられた。

15歳でモデルを始めたとたん、男の子たちはわたしのことを高嶺の花とみなすようになり、土曜の夜のデートに誘われることは少なくなった。代わりによく、ケイとボーイフレンドがドライブインシアターに連れて行ってくれた。ふたりは、わたしがいても気にしなかった。けれど、土曜の夜はわたしにとってデートのための大切な時間だと思っていたから、予定のない週末は悲しかった。強引な手口に負けて結婚した相手は、暴力を振るう浮気者。夫が望むことは何でもしようと努力したのに、みじめな気分を味わうばかりだった。とうとう結婚生活から逃げ出すと、すべてが好転した。ほかのことでは苦労することも多かったけれど、まるで気にならなかった。とはいえ離婚してから困ったのは、デートのしかたがまったくわからなくなったことだ。男性から誘われれば応じたものの、うっとうしい人だったりつまらない人だったりすれば、それ以上は付き合うのをやめた。たとえわたしが好きになった男性がいたとしても、捨てられるか浮気されるか（たいていは浮気だ）で終わった。そこでその人の過去を調べてみると、奥さんやガールフレンドのことも平気で裏切って浮気していたとわかるのだった。30代の初めに婚約した男性も、同じように浮気をしていた。

　わたしには子どもが3人いたので、デート相手には子どもたちのことも好きになってもらう必要があった。でも、たいていの男性は子どもたちには興味を持たず、それどころか邪魔者扱いした。わたしを利用するために恋愛関係になる男性もいた。アパレル関係の会社を経営していた男性は、自社のコットンニットを着せるためだけにわたしと付き合った。彼が「ほかのものは着ないで」と言ったので、わたしはそのとおりにした。ほかにも、「きみは上品すぎる」と言う男性のために、ジーンズとTシャツを着るようになったこともある。

男性はみんな、わたしを変えたがった。でも、わたしのほうから男性に変わってほしいと頼んだことは一度もない。わたしはとうとう、恋人をつくるなら妥協しなければならない関係はごめんだと気がつき、妥協しなくなった。それでも、恋愛関係はよくならなかった。年をとるごとに、だまされることは少なくなったけれど。そこに少しでも救いがあるとすれば、教訓を得たことだろう。10代と20代のころ、わたしはろくでもない男を引き寄せる磁石だった。30代でもまだ、どういうわけか同じような男性ばかり集まってきた。40代のころには何人かのすてきな男性とデートもしたけれど、残りの人生を一緒に生きたいとまでは思えなかった。

50代前半、インターネットで出会った相手とデートしてみようと決意した。ニューヨークに住んでいたときのことだ。30回デートしてみて、誰も好きにならなければ、それでおしまいにしようと決めた。デート相手を見つけるのは簡単だった。モデルの仕事で撮った写真をサイトに登録したからだ。相手は同じ年代だったり、20歳上や20歳下だったりしたけれど、どの人も、サイトの写真とは似ても似つかなかった。

わたしはすぐに学んだ。デートでランチやディナーを一緒にすると、3時間ずっと男性の愚痴や身の上話を聞かされるはめになることを。別れた奥さんの愚痴ばかりのこともあった。どちらにしろ、わたしにとって興味深い話題ではない。男性は、わたしに子どもがいることすら知らなかった。きかれなかったからだ。わたしに関する質問は一切なかった。

わたしが求めていた男性は、仕事で長い1日を過ごしたあとや、講演やモデル業の出張から帰ったあとで、わたしに会えて喜んでくれるような人。高望みだったのだろうか？ きっとそうだったのだろう。

そのころ、イーロンはダックスフントとヨークシャーテリアを飼っていて、その2匹に子犬が産まれた。

イーロンは言った。「子犬をあげるよ」

ぞっとしたわたしはトスカに言った。「住んでいるのはニューヨークだし、人生で初めてひとりきり。しなきゃいけないのは自分の世話だけ。わたしに子どもがいることを知っている人もいない。これって最高でしょ。それなのに、イーロンが子犬を押しつけようっていうの」。トスカは言った。「よかった。ろくでなしとデートするのも、これでおしまいね」。それからどうなったかって？ わたしはデートをしなくなった。

男性とデートしていたころ、相手の傲慢さによくイライラさせられたものだ。不満だらけの長い会話に耐えられなかったので、そのうち、デートはお茶だけですませるようになった。30分たったころ、こう言うのだ。「犬を散歩させないと」。ああ、なんてすばらしい口実！

家に帰れば愛犬が喜んでじゃれてくる。わたしは理想的な方法でデートをやめられた。家に犬がいれば、帰らざるをえないというものだ。

恋をしたいのなら、デートは欠かせない。外に出かけて友だちに会う必要もある。友だちの友だちが、自分の未来のデート相手になるかもしれないからだ。マッチングアプリも試してみよう（でも、会うのは人目のあるカフェにすること。個人的な情報を話すのは何度かお茶してからにすること）。デートは難しく、恋愛は複雑だ。だからといって躊躇《ちゅうちょ》してはいけない。わたしはこれまでのどんな恋愛より、愛犬といたほうが幸せになれた。そうは言っても、わたしはもう72歳だ。あなたたちはまだ同じ道を選んではいけない。でも、けっしてどんな道でもいいわけではなく、自分が幸せになれる道を選ぶべきだ。もし一緒にいる人が愛する人でなくとも、親友のように一緒にいることが楽しいなら、それでもかまわない。その人といるほうがひとりより幸せになれるなら、それもまたよし。けれど、その人といて不幸だと思うなら、逃げ出すのがいちばんだ。楽しくない人と一緒にいる意味なんてどこにもない。

世間は恋愛についてもてはやすが、友情についてはどうなのだろう？　わたしには、11歳のときからの親友がいる。ジュリアに出会ったのは40代だし、今年出会ったばかりの友だちだっている。

ジュリアと出会ったのは、わたしたちがふたりとも大変なとき。成功しようと試行錯誤を重ねていた。でも、わたしたちが張り合ったことは一度もない。ただお互いの成功を祈ってきた。それこそが、生涯の友人になれた理由のひとつだ。

友情は、「長続き」していればうまくいっているといっていい。また、「実りがある」かどうかも大切な指標だ。あなたをおとしめる友だちがいたら、その人とは付き合うべきではないし、その人のアドバイスなんか聞く必要もない。

ジュリアはよくこう言う。「わたしたち、お互いの最高の応援団ね」。そのとおりだ。一緒にいれば楽しいし、ユーモアのセンスも似ている。ふたりとも時間に正確だし、働き者だ。いつも連絡を取り合っている。一緒に旅行することも多い。これまでいろいろなところに行った。ミラノ、パリ、ドーハ、ブダペスト……。離れているときは、フェイスタイムで話す。くつろげる友だちといると安心できるし、飾らない自分でいられる。

わたしは21歳になるまでは両親や兄弟姉妹と暮らし、その後は子どもたちと暮らした。そしていまは、ひとり暮らしを満喫している。友だちと過ごす時間と仕事の合間に、ディナーやパーティーに招かれることも多い。わたしたち家族はよく、新しい製品や事業のために集まる。それはレストランの開店や非営利団体の立ち上げ、新型自動車の発表や映画の完成、ときにはロケットの打ち上げだったりする。孫たちが泊まりにきて、シーツと枕で砦《とりで》をつくることもある。

わたしの生活は家族と友だちで大にぎわいだが（恋愛とは無縁だ）、愛犬デルレイと過ごす静かな夜も楽しい。それがたとえ、土曜日の夜だったとしても。

わたしの母はよくこう言っていた。「もし、彼といるほうがひとりでいるよりも不幸なら、そんな関係はやめなさい。でも、もし彼といるほうが幸せなら、その関係を続けなさい」
ぜひ母に伝えたい。デルレイとわたしはとてもよい関係だと。

HEALTH

第５部

健康

23

健康的な食事で幸せになる

――食生活も計画的に

EATING WELL MAKES YOU HAPPY : *Plan your meals*

あるインタビューで、聞き手の若い女性はわたしのバイタリティーについて何度も話題にした――「すごく生き生きしていますね。すごい体力」。まさにそのとおり。ミーティングに出たり、ファッションショーのランウェイを歩いたり、講演やモデルの仕事で世界じゅうを飛び回るにはとても体力がいる。犬の散歩にも、孫を学校に迎えに行くにも、数時間、数日のあいだ孫の面倒を見るのにも体力がいる。体力さえあれば、頭がさえて上機嫌でいられる。

太りすぎて体重が90キロ以上あったころ、講演中やクライアントとの相談の際に健康的な食事について話すことがあった。わたしはよく、冗談っぽくこう口にした。「家族のみんなが太っているから、わたしが太っているのも遺伝なんです。わたしとちがって、健康的な食事をとってくださいね」。こんなアドバイスをして、自己管理ができない自分がいやだった。たくさん食べるのが大好きで、フライドチキンやフライドポテト、ハンバーガー、アイスクリームにチョコレート――好きなものを好きなだけ食べていた。すると、食後の眠気に襲われる。たくさん食べたせいで疲れてしまうからだ。生理学の観点からみると、食べ物の消化にすべての体力が費やされ、からだのほかの部分に使うエネルギーがほとんどなくなっている状態になる。逆に、健康的な食事ができれば、体力を温存できるのだ。カウンセリングでそう伝えると、いつも驚かれたが、実際に食生活を変えられたクライアントは、自分のなかに眠っていた体力に気づくことができた。

前向きになって、1日を楽しむことに集中しよう。誰もが健康に年をとることを望んでいる。肥満やアルツハイマー、心臓病など、年をとってから健康を害してしまう理由にはたいてい、栄養のとり方がかかわっている。健康に年をとるには、健康的な食事がいちばんなのだ。食事を変えれば、からだも動かしやすくなる。いまはまだ心配のいらない年齢だという人も、からだの調子がよくない家族のことを考えると、ずっと病気と無縁ではいられないことがわかるだろう。いまから気をつけていればリスクを減らせる健康問題はたくさんある。

心とからだを健康に保つために模範とすべき食事法には、ダッシュダイエット（高血圧の予防、改善のための食事法）や地中海ダイエット（オリーブオイル、食物繊維、果物、野菜、魚を多くとる食事法）、フレキシタリアンダイエット（基本的には菜食中心だが、肉や魚も食べる食事法）などがある。どの食事法にも必要なのは、前もって計画を立てることだ。

計画を立てるときは、自分の食事をありのままに書き出すことから始めるといい。クライアントから相談を受けていたころ、わたしは彼らの食習慣をひとつ残らず調べ上げていた。何時に起きて、食事や間食に何を食べたのか。何時に何を選んで食べたのか。活動していたのは何時だったか。クライアントが食事についてどう考えているかを知るのに、こうした情報が役立った。次に尋ねるのは、飲酒について。どれくらいの頻度で、どんなお酒をどれくらい飲むのか。そのとき、女性は1日1杯、男性は1日2杯までとアドバイスしていた。それくらいの量なら健康によいと研究でわかっている。とはいえ、お酒を飲む習慣のない人なら、これから飲みはじめる必要はない。わたしの飲酒指導を受けてから、体重が大きく減ったクライアントもいた。つまり、自分が思っているより多く飲んでいたということだ。二日酔いでひどい気分だと訴えるクライアントもいた。どうして同じことを繰り返したがるのか、不思議でしかたがなかった。お酒が好きではないわたしには理解できない。お酒を飲んだ人は、自制心も低下する。わたしだってそう。大好きなお酒（ダイエットコーラを使ったラムコーク）を飲むと、どんな食べ物にもかじりつきたくなる。そんなときにサラダなんてないので、たいていはポテトチップスやフライドポテト、ナッツなどをたくさん食べてしまう。さあ、これでわたしの食事目標がどんなものかわかるだろう。お酒で自制心が低下するとわかったら、習慣的な飲酒を減らしたほうがいいのはわかりきっている。

クライアントには、コーヒーや紅茶を飲むかどうか、何杯飲むのか、ミルク（最近では植物性ミルクも）、砂糖、人工甘味料を入れるのかも尋ねていた。1日の上限量として、コーヒー・紅茶は3杯、ダイエットソーダも3本までを推奨していた。わたしの場合、1日にコーヒー2杯と紅茶1杯、それにダイエットソーダ1本を飲んでいる。

わたしがコーヒーに牛乳と甘味料を入れると、いつもぎょっとされる。どちらも避けたほうがいいと言う人もいるけれど、そんな考え方はナンセンスだ。科学と常識にならって、もう一度コーヒーを楽しもう。わたしは牛乳と甘味料を入れた紅茶が大好きだ。緑茶には抗酸化作用があるので、紅茶よりずっと健康にいいと言われたりするが、緑茶の味はわたしの好みではない。健康によいとしても、好きでなければ飲まなくていい。減量や安眠のためのお茶もあるけれど、そういうお茶に効果があるとすれば、減量や眠気を促すほかの成分が入っているから。

空腹感以外にも、人が食べすぎてしまう原因はいろいろある。わたしはいつも、クライアントに、どういうときに食べすぎてしまうのかを尋ねることにしていた。不安、ストレス、疲労、退屈、憂鬱、孤独を感じるとき、幸福を感じるとき。あるいは人との付き合いで食べるとき。こうした要因のすべてに当てはまる人もいれば、一部しか当てはまらない人もいる。でも、食事をする正当な理由はひとつしかない。それは空腹であることだ。だからこそ、わたしはクライアントと協力して、すべての理由の解消に努めた。根本的なところを変えないかぎり、人は食生活を変えることなどできない。

不安を感じるときに食べすぎてしまうとしたら、不安の原因は何なのだろう？　それは解決できる問題だろうか。それとも、実際に起こるかどうかもわからない何かを恐れているのだろうか。人は、絶対に起こらないことを怖がったりすることがある。とはいえもちろん、予想も心配もしていなかった恐ろしいことが起こることもある。

　仕事でストレスを受けたときに食べすぎてしまうなら、状況を見極めないといけない。仕事は好きなのに同僚が嫌いな場合、どうすればその状況を変えられるだろうか。話し合う？　別の部署に異動する？　それとも転職する？　仕事中はよい気分でいたほうがいい。気分がよければ、健康的な食事を楽にとれる。反対に、気分がよくないと、カロリーの高いお菓子、たとえば会社の休憩所に置いてあるクッキーやマフィンに手を伸ばすことになる。

　人間関係のせいで食べすぎたり、食べなくなったりしてしまう場合。好きな人から「痩せなければ別れるぞ」と脅かされたら、いまこそ決断のときだ。覚えておいてほしいのは、体重が真の問題とは限らないということ。わたしの場合は明らかにちがった。ボーイフレンドを喜ばせるために、人生でいちばん痩せたことがある。でも、その人は浮気をやめず、わたしに文句を言いつづけた。体重が問題ではないのに、彼はそれを口実にしていただけだったのだ。健康的な食事をとったほうがいいのは、自分の気分をよくするためで、ほかに理由なんてない。

　もし疲れているときに食べすぎてしまったり、充分に食事がとれなかったりするなら、きちんとした食べ物を身のまわりに常備しておこう。わたしが３人の子どもを育てていたころ、休憩する暇もなければ、朝までゆっくり眠れる日もほとんどなかった。そこで当時は、からだによい食べ物しか家のなかに置かず、ほかのものに誘惑されないようにしていた。いまでも、常備しておくのは、からだによい食べ物だけにしている。

気分が落ち込んで食べすぎてしまうなら、その原因を見つけ、対処する必要がある。わたしのクライアントは、憂鬱な気分と向き合い、健康的な食事をとる努力を始めるとすぐに、自信をもてるようになり、前向きに生きられるようになった。そして、きつかった服も着られるようになったと、うれしい報告をしてくれた。孤独なときや退屈したときに食べすぎてしまう人にも、まずは孤独感や退屈な気持ちをなくす努力をするように勧めていた。

クライアントのなかには、食べるのが大好きな人もいた。脂肪、塩分、糖分たっぷりの料理が大好きで、テーブルに並ぶお皿は多ければ多いほどいい、というタイプだ。こういう研究がある。肥満の人にパスタをひと皿出すと、うれしそうにそのほとんどを食べてしまう。ところが、味の違うパスタを4皿出すと、ひと皿のときよりもっと喜んで、たくさん食べてしまうという。わたしにはその気持ちがよくわかる。4種類なら味に飽きることもなく、完食はできないとわかっていても、ついついお皿に手を伸ばしてしまうからだ。こんなふうに思い切り食べるのは楽しいけれど、翌朝には残念な気持ちになる。楽しく食べているときも、必死に努力して自制心を保つようにしよう。ほかにも、社交的な人も要注意だ。そういう人がワインやビールを2杯も飲めば、置いてあるおつまみを何でも食べてしまうだろう。そのときのおつまみは、絶対にサラダではない。クラッカーやチーズ、ポテトチップス、ピーナッツ、フライドポテト、ミニバーガーなど、ついつい食べすぎてしまうメニューだ。みんなも食べたり飲んだりしているのに、どうして太らないのだろうと、あなたは思うかもしれない。それは、生まれつき太らないタイプだから、もしくは、あなたより食べていないから。わたしはお酒を飲みに誘われるとたいてい、ダイエットコーラを使ったラムコークかフルーツマティーニを注文し、何かヘルシーなおつまみを探す。できれば野菜か、揚げていないエビを使った前菜がいい。そして、そのあとのディナーには行かない。さっきのおつまみがディナー代わりだ。おつまみはカロリーが高いので、それだけで満腹になり、ディナーを食べるほどお腹はすいていない。これには鍛錬と自制心、用心深さ、忍耐力を要する。でも、１日の終わりにはいつも、食べすぎたときよりもよい気分を感じられる。付き合いの場でもヘルシーな食事をとることができたあと、どれくらい気分がよくなるかを覚えておき、自分に繰り返し思い出させよう。

よい食事の計画は朝いちばんに始まる。わたしの朝食はこんなふうだ。オートミールまたは食物繊維たっぷりのシリアルをボウルに１杯と、乳脂肪分１パーセントの牛乳、薄切りのバナナを数切れ。朝食は手軽にすぐ食べられるものがいい。凝った料理がつくれない人は、自分に合う食事を見つけたら、毎日、同じものを食べてもかまわない。

昼近くになると、小腹が減ってくるので、あらかじめ果物とヨーグルト、または全粒粉パンにピーナッツバターを塗ったものを用意しておく。その後は昼食をとり、夕方にまた軽く食べる。一般的に夕方は空腹になりやすい時間らしい。ただしその際には、ほんとうにお腹がすいているかどうか、退屈や疲れやストレスのせいで食べたいわけではないと確かめること。何も食べないまま6時間過ごすとお腹がすきすぎてしまうから、これもよくない。午後の軽食に適切な食べ物を選ぶのが難しい人は、満腹感のある軽食の計画を立てて、だいたい3時半ごろ、お腹がすきすぎる前に食べよう。そうすれば、夕食の時間に食事を楽しめるはずだ。

わたしが好きなのは、夕食をなるべく早い時間に軽く食べること。そうできるときはいつも、夜7時から朝7時まで絶食することにしている。空腹すぎると寝つけないので、牛乳をコップ1杯飲むか、カッテージチーズを半カップ食べることにしている。お気づきかもしれないが、わたしは日中、数時間おきに食べている。でもそのおかげで、お腹がすきすぎないし、食べる量を抑えて過度に満腹になることを避けられる。お腹がすきすぎると機嫌が悪くなったり、もう動けないような気分になったりしかねない。だからわたしは少しだけお腹がすいたときに、食事や軽食をとることにしている。

いまより食事回数を増やす。からだによい食べ物を少しずつ食べる。お腹がすくまで待つ。こうした心がけはすべて、よい食事計画の土台になる。

わたしは料理の名人ではない。その役割はキンバルに任せてある。休暇中のイーロンとわたしは、キンバルがトスカの手を借りて台所でごちそうをつくっているあいだ、口を挟まない。わたしはとくに料理を楽しむタイプではないけれど、やはり家では自分で食事の用意をしないといけない。わたしはよく、大量のスープをつくる。材料はその週に残った野菜全部、それに米と豆（乾燥豆をひと晩、水に浸けておく）。スープは1人前ずつ分けて冷凍しておくので、解凍して温めれば、いつでも好きなときに食べられる。

70歳の誕生日には、自分たちが幼いころの食事について、子どもたち3人がジョークを交えてスピーチをしてくれた。食物繊維たっぷりのシリアルと牛乳、果物、野菜、ピーナッツバター・サンドイッチ、豆スープはどれもたっぷり食べさせた。わたしはいまでも同じ食事をしている。からだによい食べ物はシンプルでいい。

それに、高価である必要もない。両親が大恐慌を経験していたため、わたしは質素な食事で育った。高価な食事をすることもなければ、無駄遣いもせず、生まれてからずっと、限られた予算内で食事をしてきた。もうその必要はないのに、いまでもわたしは予算を決めて食事をしている。でも、所得が低い人は質素な食事がダメだと思い込み、免疫力の増強やデトックス効果、栄養強化をうたう高価なジュース、さらにはサプリメントまで必要だと思い込んでしまう。すべて広告の影響にすぎないというのに。オーガニック食品を食べるべきだというけれど、多くの人には、そうしたものを買う余裕がなく、実際に目にすることもない。だからといって、果物や野菜を食べるのをやめてはいけない。オーガニック食品でなくても、よく洗って食べるだけでも充分にからだによいのだから。

前もって計画を立てる方法をいくつか紹介しよう。ピーナッツバター・サンドイッチとバナナ1本を持ち歩き、店で注文するのはカフェラテだけにする。または卵サンドや、チーズとトマトのサンドイッチ。どちらも職場の冷蔵庫に入れておくといい。卵4個をゆでて、4日間で食べる。クッキー1枚の代わりにリンゴ1個を食べる。そうすれば、いい気分になる。ヨーグルトを食べるのもいい。急いでいるときにコップ1杯の牛乳を飲むのも手軽な方法だ。どれも、意識すればすぐにできることばかり。朝食を食べなかったせいで午前10時にドーナツにかじりついても、一度ならしかたがない。でも二度めは、確実に自分のせいだ。そういう場合に備えて計画を立てておいたほうがいい。朝食を食べられないのは、前の晩、夕食を食べすぎてお腹がすいていなかったからかもしれない。もし急いでいたのが理由なら、5分早く起きよう。わたしはメールをチェックしながらシリアルを食べる。あなたにもできるはずだ。

わたしに選択の余地はない。健康的な食事を計画するか、無計画なまま不健康な食事を選び、体重が増えるかのどちらかだ。炭水化物を多くとると、わたしは2時間でお腹がすいてしまう。トーストに卵をのせて食べれば、空腹になるまで4時間もつ。脂肪とタンパク質は、炭水化物よりも消化に時間がかかるので、満腹感を持続させてくれる。とはいえ、わたしは炭水化物が好きなので、家にいるときはかならず2時間おきに食事をする。ホテルに泊まるときは、ルームサービスでオートミールの朝食を注文する。サイズは、決まってLサイズ。午前8時に半分を食べ、残り半分は午前10時に食べる。そして昼の12時半、激しい空腹感を感じる、というほどではない状態で昼食を食べに行く。空腹すぎると、人の頭はうまく働かない。そうなると、高脂肪の食べ物がやたらと目につき、とてもおいしそうに見えてしまう。会社のカフェテリアにあるクロワッサンやポテトチップスを思い浮かべればわかるだろう。

わたしはよくこう言っている。事前に計画を立てないと、坂道を転がり落ちることになる、と。一度転がり落ちてしまうと、元の習慣を取り戻すのはどんどん難しくなる。だからわたしは、すぐにいつもどおりの健康的な食習慣を取り戻す必要がある。そうしないと、体重は増える一方だ。夕食を食べすぎると、わたしの体重は1・5キロ増え、ウエスト周りがきつくなる。増えた体重を戻すのに3日かかる。とはいえ、年々、こういう過ちを犯すことは減っている。

いま紹介したのは、家にいるときの過ごし方だけれど、外出中もこの原則を守っている。最近は出張が多い。家を空けるのが3時間でも8日間でも、あるいは数週間でも、計画どおりの食事を続けることにしている。家にいないせいで日々の食事計画を立てられないときは、どんな予定になりそうか、どんな食べ物が手に入りそうかをあらかじめ予想しておく。はっきりしたことがわからなければ、バナナを持ち歩く。バナナ1本で1時間か2時間はもつ。

家で過ごす日に健康的な食事をとるためには計画を立てないといけないし、旅行中ならなおさらそうだと、わたしは身をもって学んだ。昨年、世界各地で開催されたイベントに出席した。6週間の旅程では、ロサンゼルス、ニューヨーク、ロンドン、ニューヨーク、ミラノ、ロンドン、最後にまたロサンゼルスと、各地を飛びまわった。予定はよく練られていて、どの都市でもモデルの仕事をこなし、人と会い、さまざまな場所を見学した。こういう仕事には体力が欠かせない。

まず、ナッツやドライフルーツといったスナックを、いざというときのためにいつもバッグに入れておく。人はお腹がすきすぎると、どんな食べ物でもできるだけ早く口にしたくなってしまう。そういうとき、ちょうどよい食べ物はすぐには見つからないものだ。わたしが手頃なスナックを持ち歩くのは単に、がつがつ食べたくなる気持ちを追いやり、次の食事でちゃんとしたものを選びやすくするためだ。

ホテルに泊まるときは、事前にホテルマンを呼んで、部屋からすべてのスナックを片付けてもらう。チョコレートの誘惑なんてもってのほか。冷蔵庫も空《から》にしてもらう。自分で食べ物を買って入れるためだ。地元のスーパーに行って、牛乳、シリアル、果物、ナッツ、ヨーグルトを買う。ボリュームのある軽食が必要になりそうだと思えば、全粒粉のロールパンとバター、チーズ、トマトを買うこともある。

また、朝のコーヒーは自分で淹れ、買ってきた牛乳を使う。部屋に置いてあるコーヒー用ミルクよりずっといい。お腹がぺこぺこの状態で出かけるのはいやなので、ヨーグルトかコップ１杯の牛乳だけでも前もって口にしておいたほうがいい。こうすれば、食事の選択を失敗しない。パンケーキは大好きだったけれど、食べればきっと失敗する。完食するまで食べつづけてしまうのだ。失敗から学び、事前に計画を立てよう。

ディナーに出かけるなら、家を出る前に軽食を食べておくといい。料理を注文する前にパンのかごを空にしないですむ。そしてメインのコースの代わりに、野菜スープと全粒粉のパンを注文する。わたしは焦らず、すべてを頭の中で計画しておく。

ＳＮＳのフォロワーから、わたしが毎日何を食べているのか、正確に教えてほしいとお願いされることがある。家にいる日の平均的な食事は——

〈朝食〉

大きな容器に常備しているのは、お気に入りの食物繊維たっぷりのシリアル（チェリオやブランフレーク、オールブランバッドなど）に、ドライクランベリーかレーズン、クルミやヒマワリの種を加えたもの。これでたっぷり２週間分だ。よく振り混ぜてから、だいたい１カップに、バナナの薄切り半本分、乳脂肪分１パーセントの牛乳を１カップ入れて食べる。

コーヒーには乳脂肪分１パーセントの牛乳、人工甘味料１袋を入れる。

〈軽食〉
ヨーグルト　½カップ
リンゴ　1個
紅茶　1杯（乳脂肪分1パーセントの牛乳と人工甘味料1袋を入れる）

〈昼食〉
豆と野菜の自家製スープ　1カップ

〈1時間後〉
全粒粉パン　2枚、バター　小さじ2杯
ピーナッツバター　大さじ1杯、レタス
ダイエットソーダ　1本

〈1時間後〉
オレンジ　1個

〈軽食〉

カフェラテ　1杯（乳脂肪分1パーセントの牛乳と人工甘味料1袋を入れる）

ナッツ　大さじ1杯

〈夕食——午後6時〉

サラダ（レタス1カップ、タマネギのスライス1枚、トマト½個、ヒヨコ豆¼カップ、ゆで卵1個、缶詰のサーモン約60グラム、ヒマワリの種大さじ1杯、フレンチドレッシング大さじ2杯）

〈軽食〉

乳脂肪分1パーセントの牛乳　1カップ　または　低脂肪カッテージチーズ　½カップ

ブドウ　12粒

※自家製スープの作り方：

「15ビーンスープ」（アメリカの乾燥ミックスビーンズ製品）1袋をひと晩水に浸け、90分ゆでる。ゆであがりの20分前に玄米と好みの野菜を加え、ありあわせの調味料で味付けする。

24

食事をもう一度楽しもう

――魔法の薬など存在しない

ENJOY YOUR FOOD AGAIN : There is no magic pill

最近はスーパーフードがよく話題にのぼる。その一方で、パンや牛乳が敬遠されている。タンパク質不足が心配され、誰もがプロテインパウダーやプロテインサプリメント、プロテインバーを欲しがる。なぜなのだろう。栄養士として独立して約50年たつけれど、タンパク質が不足していた人などひとりもいなかった。それなのに、常識に耳を傾けようとする人はいない。みんな魔法の薬を求める。

わたしはときどき、6年前に食生活カウンセリングをやめ、いまではモデルの仕事と講演活動に専念できているのをうれしく思う。流行《はや》りのダイエット法がどんな理性の声もかき消してしまうからだ。わたしは普段、科学と常識に従うようにと講演の場で伝えている。そろそろみんな、わたしの言うことをきいてほしいものだ。

たしかに、流行りのダイエット法は急激な減量につながる。でもそれは、好きなもの、加工食品、高脂肪食品、お酒を口にしないようにするから。多くの人は、健康的な食事をとろうとして、何度も失敗してきた。誘惑を退けるのは難しいものだ。そこで、ある食品群を完全になくしてしまうほうが簡単だと気がつく。たとえば、炭水化物をすべてやめれば、ピザやポテトチップス、フライドポテト、ハンバーガーのバンズ、パスタ、デザートを食べないことになる。こうしたほうが、健康的な食事より簡単だと考える。というのも、健康的な食事とはそうした高カロリーな食べ物を制限することだと理解していないから。

わたしは、長年にわたるカウンセリングの仕事のなかで、全粒粉パンを食べて太った人はひとりもいなかった、と伝えてきた。クライアントも、もっともな話だと納得してくれる。それなのに、全粒粉パンを食べず、ベーグルやクロワッサンを食べようとする。つまり、こうした人たちは食物繊維の豊富な食べ物を食べる習慣がないのだ。

変えないといけないのはそこだ。食物繊維たっぷりのシリアル、パン、玄米、豆、ナッツ、果物、野菜を選ぶこと。もちろん、たいていの人は豆をまったく食べないし、果物や野菜を充分に食べない人もいることは、わたしも知っている。「果物や豆や野菜なんて、わざわざ食べるものじゃない」と思う人もいるだろう。確かにいままでは、そういう考え方が「常識」になってしまった。果物ではなくベーコンをおやつにする食事法があったら、みんな頭の片隅では「それってほんとうに体にいいの？」と考えるはず。でも、結局はこういう考えに落ち着く。「おいしそうだ。よし、ベーコンをおやつにしよう」

健康的な食事法に従って、自分の好きな食べ物を食物繊維や栄養たっぷりの食べ物に置き換え、同時に加工食品、高脂肪食品、お酒を口にするのをやめられたら、極端なことをしなくても食事を楽しめる。おまけに、パーティーやディナーでつらい思いもしなくなる。

グルテンフリーダイエットが流行して、またみんな常識を失っている。ひと切れの果物や1枚の全粒粉パンよりも、グルテンフリーのクッキーのほうがいいと思っている。賢い商法だ。おかしなことに、大麦のスープを食べている人に「おいしい？」と聞くと、相手は「はい」と答える。わたしが「それはグルテン入りですよ」と言うと、相手は「このグルテンにだけはアレルギー反応が出ません」と答える。それを聞いたわたしの顔を見れば、たいていの人は近寄ってこないはず。グルテンはライ麦にも含まれているのに、それも問題にはならないようだ。

グルテンフリーの加工食品では、グルテンはちょっと賛同しかねるような原料で代用されている。そうしたものを食べて、もしお腹の調子が悪くなるなら、それが原因かもしれない。おまけに、グルテンフリー製品はあまりおいしくない。

グルテンフリーダイエットのおかげで、毎晩ホールピザを食べないで済むとか、体重が減るとか、すばらしい気分になるのだとしたら、ピザの代わりに全粒粉のサンドイッチを食べてみては？　極端なことをしてまわりのみんなをイライラさせる必要はない。たいていの人は、グルテンが含まれる食べ物やその正体をわかっていないようだ。「これからはグルテンフリーにしてタンパク質をたくさん食べます」と誰かが言ったとする。わたしはその人に、グルテンとはタンパク質のことだと教える。彼らはそのことを知らないのだ。そして、わたしの情報に感謝することもない。

人々は希望を求める。流行りのダイエット法は希望を与えてくれるし、厳しい食事制限とカロリー制限によって急激に体重を減らせることもある。だから、いつも人気が出るのだ。

栄養学科の学生だったとき、栄養学についてラジオのインタビューを受けたことがある。栄養学科の教授とほかの学生が話すのはアフリカーンス語だけで、英語が話せなかったので、わたしがラジオに出演することになった。まだ学士号も取っていないのにわたしでいいのだろうかと心配もしたけれど、必須栄養素のための周期表もメタボリズムのクレブス回路も学習していたので、本番には自信をもってのぞんだ。ところが出演してみてわかったのは、わたしが受けるのは「ジャガイモは太る？」といった初歩的な質問だということ。すぐに気がついた。みんなが知りたいのは生理学や生化学ではないのだ。

研究者には、どうして大衆が流行のダイエット法を信じるのかが理解できない。35年前、ヨハネスブルグにあるヴィトヴァーテルスラント大学の高名な80歳の研究者が講演の依頼を受けたとき、わたしは、その研究者夫妻を講演会場まで車で送ることになった。わたしが呼ばれた理由は、栄養学と最新の研究に関するすばらしい講演のあとで、「アトキンスダイエットについてどう思いますか？」といった質問が出るからだった。それが何なのか、その研究者は知らなかった。その質問にはわたしが答え、研究者には、高動物性脂肪と低炭水化物が推奨されているベストセラー本があると教えた。それを聞いて彼は戸惑った。その食事法が健康によいことを示す研究がなかったからだ。そう、一時的な流行にすぎないダイエット法は、昔から世の中にあふれている。でも、そうした食事法では生活スタイルは変わらない。みんなそういう方法にしがみついて、つらい思いをしている。グルテンフリーダイエットを続ければ、体重も減りつづける。ピザやクッキーを食べなくなるからだ。でもほんとうは、自分が楽しめる食べ物を食べ、手頃な価格のおいしくてバランスのとれた食事を選んだほうがいいに決まっている。流行のダイエット法を行うにしろ、計画づくりは欠かせない。どうせなら、健康で栄養のある食事の計画を立てよう。

ふたりの女性とロンドンで昼食を共にしたことがある。ふたりとも聡明で、社会的に成功している女性だ。話題は、彼女たちのすばらしい「ニュートリショニスト《栄養士》」についてだった。

「毎月、血を抜いてもらうの」と、ふたりは言った。

「どうして血を抜くの？」わたしは尋ねた。

「だって、ホルモンのバランスが崩れているんだもの」

「それなら、薬も？」

「そうそう。全部買わなきゃだめ」

「薬代はひと月にいくら？」

「そうね、最初に５０００ドル。その後は２００００～３００００ドルよ」

「全部やめていいわよ」

「だめ。体重が増えちゃう。せっかく痩せたのに」

「〝ニュートリショニスト〟に会う前は、きちんと食事をしてなかった？　食事は変わった？」

「チーズをたくさん食べていたから、チーズをやめたの。そしたら体重が減ったわ」

「チーズをやめる以外、何もしなくていいわよ」

ふたりは、わたしの論理的な話に感謝もしなければ、耳も貸さなかった。それぞれのニュートリショニストにいまも忠実なまま。その人は資格すらもっていないというのに。

ジュース1本に40ドルという大金をつぎ込む人たちもいる。ばかげている。ほんとうに手づくりのジュースが好きなら、自分でつくれば、野菜や果物の繊維もすべて摂取できるのに。栄養価を高めたシリアルや飲み物で栄養を補うのもいい。そうした製品はきちんと検査され、ラベル表示どおりの原材料が適切に含まれていると証明されている。

わたしからすると、健康的な食事はシンプルだ。科学と常識にだけ従えばいい。ある食べ物を食べていいかどうか迷ったら、毎回、インターネットで調べよう。大学のサイトや正式な資格を持つ栄養士が書いた記事など、信頼できる情報を読むといい。栄養関連の教育をまったくといっていいほど受けていないのに著書がベストセラーになったような医師、ホリスティック（身体面だけでなく精神や生活環境などを含めた全体を治療の対象としてとらえる医療）をうたっている栄養士（どういう栄養士かはわからないけれど）、フィットネストレーナー、またはジュースやパウダーや薬を売りつけてくる人が書いたような記事は探さないこと。本物の栄養士が売りたいのは健康だけだ。怪しげな人たちより、かかる費用はずっと安いし、健康的な食事をとり、食習慣をコントロールできるよう、指導してくれる。

世間は、登録《レジスタード》ダイエティシャン・ニュートリショニスト（ＲＤＮ）、登録《レジスタード》ダイエティシャン（ＲＤ）、ニュートリショニストのちがいがわかっていない。ＲＤＮとＲＤが栄養の専門家、いわゆる栄養士で、4年制大学を卒業し、病院でのインターンシップを経験している。事実と仮説を区別し、食事の計画を立て、栄養科学の知識を活用して正しい食べ物を選択できるよう助けてくれる。そして栄養学が肥満やがん、高血圧、心臓病などの予防と治療において重要であることを理解している。栄養士のアドバイスは生活の質を向上させてくれる。

一方で、ニュートリショニストはとくに資格を必要とせず、科学的根拠のない信条を持っていたりする。たいていは栄養士より相談料が高額で、商品を売りつけてくることも多い。だまされないように！　小切手を切る前に、その人たちの資格を確認してほしい。証明となるのは、名前のうしろの「ＲＤ」または「ＲＤＮ」の文字。でも、「ＭＤ」つまり医者だと書いてあっても、プログラムに同意するのは、その人が何を売ろうとしているのかをよく検討してからにしたほうがいい。普通の食べ物を食べる恐ろしさを押しつけてきたり、効果がまったく証明されていないサプリメントなどの製品で劇的に症状がよくなると断言したりする人は、助けにならず、私腹を肥やすことしか考えていない。

流行に乗るのはやめよう。健康になるためにケールなんて食べなくてもいい。もちろん食べたっていいけれど、義務ではない。わたしはの舌は敏感で、なかには苦すぎると感じる食べ物がある。ケールもそうだ。好みではないので、食べないことにしている。代わりに自分が好きなほかの野菜を食べる。

あなたがケールを食べないことにがっかりする人もいる。そういう人には、ケールだけが健康の秘訣ではないと伝えよう。ほんとうの健康の秘訣は、いまより多くの果物、野菜、未精製の穀物、豆、乳製品を、楽しみながら少しずつ、空腹になったときに食べること。

最良の健康計画とは、持続可能な計画のこと。つまり、ストレスを感じていたり、疲れていたり、忙しくてあまり注意が払えなかったりしても、ずっと守ることのできる計画のことだ。

必要なのは、薬ではなく、計画だと覚えておこう。

25

チョコレートにはゲストと一緒に帰ってもらおう

——誘惑は手の届かないところへ

CHOCOLATES GO HOME WITH THE GUESTS :
Keep temptation out of reach

混乱したときと誘惑に負けたとき、人は不健康な食べ物を選んでしまう。誘惑についていえば、事前に計画を立てていない場合、いちばん身近な食べ物はたいてい、脂肪分たっぷりのポテトチップスや、糖分たっぷりのチョコレートになる。そうした食べ物は、一度食べはじめるとやめられない「トリガーフード」。誘惑にあらがえず、食べるのもやめられない。満腹のときでもついつい手が伸びてしまう。わたし自身、フライドポテトやチョコレートは別腹で、たとえ食事のあとでも食べられる。

食生活カウンセリングをしていたとき、クライアント全員に最初に課した目標がある。それは、栄養豊富な軽食を身近に置いておくこと。ヨーグルトや果物を少し、パン1枚とピーナッツバターなど。わたしはよくこう言った。「クッキーを1枚食べる前にリンゴを3個食べてください」。クライアントはみんな、リンゴを1個食べると満腹になってしまい、クッキーまでは食べられなかった。これはよい作戦だ。野菜や果物を食べすぎて体重が少し増えることはわたしにもあるけれど、ジャンクフードを大量に食べたときの増え方とはまったく違う。

ある誕生日のお祝いの席で、おいしいディナーをお腹いっぱい食べたあと、ウェイターがテーブルにデザートを運んできた。わたしは自分を甘やかすことをためらわなかった。

たまたまわたしの隣席になった身長193センチの男性が、しばらくして言った。「ぼくよりたくさん食べるんですね」

わたしはこう返した。「いつもこんなふうにたくさん食べるわけじゃなくて、これは食べる価値があるからなの」。実際、とてもおいしいデザートだった。口のなかの全細胞が喜んでいるのがわかるぐらいに。おかげでわたしは、1・5キロ太った。翌日、いつもどおりの健康的な食事法に戻したけれど、増えた1・5キロを落とすのに1週間かかった。20代のころなら、それくらいの体重は2日で落とせたけれど、70代のいまでは1週間かかってしまう。でも、おいしいデザートにはそれだけの苦労をする価値がある。

もし自分を甘やかしたいなら、思い切って甘やかそう。なぜなら、それはおいしいものを楽しむためで、悲しい気持ちやストレスに誘発されたわけではないから。わたしは長い年月をかけて、おいしくないデザートでカロリーを無駄に摂取するべきではないと学んだ。

若いころより食べ物の味にうるさくなったことも役立っている。あるミーティングに出席したとき、いろいろな種類のクッキーの盛り合わせが置いてあった。我慢するのはいやだったので、チョコレートとナッツ入りのいちばん豪華そうな1枚を選んだ。でも、ひと口かじってみると、どうも味がしない。とてもがっかりしたし、食べる価値もなかったので、わたしはそのクッキーを自分の皿に置き、二度と手を触れなかった。

味見しておいしくなければ、食べなければいいのだ。

25
チョコレートにはゲストと一緒に帰ってもらおう
――誘惑は手の届かないところへ

誰かがチョコレートやおやつをお土産《みやげ》に持ってきてくれたとしよう。そういうとき、たいていその人は感じよくほほえんでいる。でも、わたしはぞっとして、こうした食べ物は受けとれないと伝える。もらったが最後、ひとりですべて食べつくしてしまうからだ。1日1個だけ食べればいい、と言う人もいるけれど、あいにくわたしの遺伝子にはそういうプログラムは組み込まれていない。だから、おやつは持って帰ってもらわないといけない。持って帰ってもらえないときは、誰かにあげてしまう。あげる人がいなければ、捨ててしまうことだってある。この「磁石」は絶えずわたしを引きつける。そんなものを台所に置いても、無駄なストレスを抱えこむだけだ。わたしは家に甘いものを置くことができない。だって、それはわたしのトリガーフードだから。つまり、わたしはチョコレートひとかけすら味わえない。そのひとかけらが「トリガー反応」を誘発してしまうのだ。チョコレートのことを考えると、味蕾《みらい》がうずうずして、箱ごと平らげたくなる。ポテトチップスのような塩気のある食べ物を見たらそうなるという人も多い。アイスクリームという人もいる。とにかく重要なことは、どの食べ物が自分のトリガーフードなのかを知ること。もしあなたにトリガーフードがあるなら、それが何であれ、家に入れないようにしよう。手の届かない場所に追いやってしまおう。

トリガーフードを遠ざけるのは体重を減らすため、そして失望や悲しみのせいで気分が暗くならないようにするため。トリガーフードはあなたの気分すら暗くしてしまう。誰だっていやな気持ちになんてなりたくない。

ストレスのせいで食べすぎてしまうなら、いっそのこと割り切ってみよう。食事に関するストレスまで背負い込んでも、時間を無駄にするだけ。それなら、罪悪感を無視するほうがずっといい。思う存分食べたあと、「食べるのは楽しかった？」と自問してみよう。もし答えが「イエス」なら、自分を非難してはいけない。何ごともなかったかのように、いつもの生活に戻ろう。次の食事では、果物と野菜、脂の少ないタンパク質、未精製の穀物、豆を食べるといい。そして翌日から、健康的な食習慣を再開しよう。毎回完璧な食事をとる必要はない。あなた自身も、いつも完璧でなくたっていい。不健康な食事を1回とったくらいで、健康的な生活が壊れることはない。食事の8割が健康的であれば、いつもすばらしい気分でいられるはず。

そして、答えが「ノー」なら、次のとき思い出せるようにこう書いておこう。「不健康なつまみ食いは何の役にも立たないのに、どうしてわざわざ食べるの？」

健康的な食べ物をちゃんと選べたときのよい気分を忘れずにいよう。健康的な食べ物を適切な量だけ食べれば、生き生きして豊かな気分になれる。

自宅では、よい食事計画を立てるのはもっと簡単だ。自分で稼いだお金で、健康的な習慣の邪魔になる食べ物を買わないように。子どもがいるなら、自分の好きなおやつではなく、子どもの好きなおやつを買おう。孫におやつをあげたいとき、わたしは、小さいアイスクリームか1枚のクッキーのどちらかを孫たちに選ばせるようにしている。この方法なら、子どもたちが残してしまうような箱入り菓子を買わなくてすむ。

自分の弱点を知り、それを手の届かないところに置いておけば、毎日がもっとよいものに感じられる。

26

動きつづける

――楽しめる運動を選ぼう

KEEP MOVING : Choose activities that you enjoy

家にいるときは、毎日歩くことにしている。というより、愛犬にねだられて1日4回の短い散歩をしている、といったほうが正しいだろう。わたしもデルレイも、散歩のときに感じる心地よさを気に入っている。

どんな運動でもいいので、毎日行うことをお勧めする。とはいえ、がんばりすぎてからだを痛めてしまうのはよくない。痛みを感じるような運動は必要ない。これはわたしが長い年月をかけて学んだことだ。

いままで、スポーツが得意だったことは一度もない。若いころ、わたしは勉強専門で、ケイは運動専門だった。ケイはいまでもスポーツが得意で、ケイの子どもたちもそう。でも、わたしはスポーツが得意ではないし、わたしの子どもたちも同じだ。

必要なのは、毎日の運動の計画を立てること。わたしは、運動が得意ではないクライアントがいると、その人が前向きに行えることを見つけるようにしていた。ウォーキング、ランニング、テニス、ジム通い。好きな運動なら何でもいい。その人が楽しめるものでなければならない。クライアントが過度の肥満だったときは、1日30分、ゆっくり歩いてもらうだけにした。10キロから20キロ体重を落とすまでは、心臓や膝や腰に負担をかけたくなかったからだ。

運動をする時間がまったくとれない人には、テレビを見ながら足踏みとストレッチをしてもらった。これは子どもたちが小さかったころ、わたしがしていた運動だ。わたしがジムに行きはじめたのは、40代半ばになってから。子どもたちが家を出て、ジムの費用を払う余裕ができたからだった。子どもたちは、家に遊びにきた友だちの目の前で母親がぴょんぴょん跳びはねていて、さぞ恥ずかしかっただろう。でも、わたしは気にしなかった。

活発でいること自体は減量につながらないけれど、いい気分でいられるようになるし、それが減量の助けにもなる。健康になりたければからだを動かすことは欠かせない。わたしはこの本を書いている期間も、リビングにヨガマットを敷いてストレッチをしたり、愛犬の散歩に行ったり、1日40分のエクササイズ——サイクリングマシンを30分と軽いウエイトトレーニングを10分——をする時間をとっている。

初めての本を書いていたときは、踏み台昇降や夜のヨガのクラスなど、さまざまな運動をしていた。でも、無理をしすぎてお尻に痛みを感じるようになった。効果が出たと喜んだわたしは当然、前よりも熱心に運動をするようになった。やがて痛みは腿に達し、その後、右脚にまで降りてきた。痛みはひどく、膝に触れられないほどだった。床に何かを落としても、すぐには拾えなかった。痛みに耐えながら両手両膝をつき、落としたものを拾い上げられるようになったのは数日後のこと。入浴に30分もかかった。片脚が焼けるような強烈な感覚を経験したことのある人にしか、この痛みは理解できないはず。見た目は健康そうなのに、座ることも立ち上がることもできないとは。

6人のカイロプラクターのもとを訪れてみたものの、誰も施術をしたがらなかった。椎間板ヘルニアだったからだ。マッサージ療法士も何人か訪ねた。ところが、そこでも全員がわたしに触れるのを怖がった。歩くだけでは痛みを感じなかったけれど、ほかの動きをすると脚が燃えるように痛んだ。一見すると健康な人間が痛みを訴えるなんて、おかしな感じがするけれど。

神経学者である兄に電話をかけると、神経外科医を紹介してくれた。

幸いなことに、カナダの外科医は手術をしても報酬が増えるわけではないため、絶対に必要だと判断しないかぎり、手術をしようとはしなかった。

紹介してもらった外科医は、足が麻《ま》痺《ひ》してしまうまでは手術をしたくないと言った。つまり、わたしの神経はだめになりかけていたのだ。わたしは、何でもいいから痛みを取ってほしい、と伝えた。いまでは、外科医が用心深い性格だったことに感謝している。8カ月後に痛みが治まったから。腰を手術したことのある友だちは大勢いたけれど、手術をしなくても痛みに耐えられたなら、彼らもそのほうがよかったに違いない。

そんな状態でも、仕事はしなければならなかった。ファッションショーに出演していたとき、わたしには衣装係をふたり付けてもらわなければならなかった。ひとりが下から、ひとりが上から服を着せてくれた。1日に8本のショーをこなしたときもあった。ショーとショーの合間には、両足を椅子にのせて床に寝ころがっていた。まっすぐ立っているときのわたしはいつもどおり元気そうに見えたので、まわりの人たちはわたしがそれほど痛がっていることをなかなか信じてくれなかった。

当時、わたしはある企業のコンサルティングをしていて、フィラデルフィアで開催される研究会議にぜひ参加したかった。科学者の見解を聞くのが好きだからだ。飛行機に乗るのは大変だったけれど、そんな理由でこの機会を逃すわけにはいかない。わたしは腰に当てるクッションを持参し、座るたびにそれを使った。

会場に着くと、床に寝ころばなければならなかった。

そのあと、みんなでディナーに出かけた。

そのとき、科学者のひとりがこう言った。「ラッキーなことに、メイに椅子を用意する必要はない。床に寝ころぶんだから」

二度とよくならないのではないかと思った。ジョギングや運動をしている人を眺めては、「わたしにはもうできないんだ」と思った。あのころのわたしは、痛みを感じずに動き回ったり座ったりできる人たちを妬《ねた》んでいた。とにかく、痛みを感じることなく動きたかった。

6カ月ほどして、回復の兆しが見えるようになった。かがんだり、膝に触れたりできるようになった。8カ月後には、足に触れても以前までのような痛みを感じなくなり、普通にシャワーを浴びられるようになっていた。


人は自分のからだの声を聞かなければならない、とわたしは学んだ。痛みを無視してはいけない。ストイックにトレーニングに打ち込むことは、かならずしもよいことではない。つねに重い負荷をかけなくてもいいし、ましてや無理をする必要はどこにもない。必要なのは動くことだけ。エクササイズのしすぎは、けがのもと。

孫だってけがの原因になる。

つい先日、わたしは孫たちを追いかけて階段を駆け上がった。ところが、角を曲がったところで膝をひねってしまった。痛みはひどく、足を引きずって歩かなくてはならなかった。何が起こったのかわからなかったので、いつものように「インターネット博士」に頼ることにした。そこでわかったのは、高齢者と一流のアスリートは膝を負傷しやすいということ。

なるほど。わたしがけがをしたのは、一流のアスリート（！）だからだった。

キンバルの友だちはみな一流のアスリートで、膝の手術をたくさん経験していたので、わたしにも手術が必要なはずだと教えてくれた。完治までたった6週間しかかからないと言われたけれど、わたしは「そんな時間はない」と答えた。なにしろ、2週間後には、ニューヨーク・ファッション・ウィークで歩かなくてはならなかったのだから。

インターネット博士の勧めるままに膝をアイシングし、高い位置に上げておいた。

フィッティングでスタッフから「本番ではたくさん階段があるよ」と告げられた。

すっかり恐ろしくなってしまった。歩くぶんには問題なかったけれど、階段では痛みを感じていたのだ。

ショーはメトロポリタン歌劇場で開催された。4段の昇り階段と4段の下り階段があり、どちらも4回歩かなければならない。ありがたいことに、スタッフがフラットシューズをくれた。絶対に弱音を吐くわけにはいかなかった。なぜなら、わたしはプロだから。なんとか痛みに耐えた。

ショーを乗り切って家に戻ると、すぐに医師に電話した。医師は、膝に痛み止めのジェルを塗ること、整形外科医に診てもらうことを勧めてくれた。その結果、これはただの捻挫《ねんざ》で、時間がたてば治ると聞き、ほんとうに安心した。

これまで、わたしはつらい時期を何度も乗り越えて、どうにか成功を収めてきた。それはわたしが健康で、子どもたちも健康だったからだ。そのことにはほんとうに感謝している。誰でも、軽い病気にかかったり、ちょっとした災難にあったり、何日か調子が悪くなったりしてみる経験が必要なのかもしれない。健康こそすべてなのだと気づけるのは、まさにそういうときなのだから。

最近はあまり無理をしないようにしている。サイクリングマシンで運動もするけれど、膝が痛んだときはランニングマシンに移る。それでも痛ければ、ストレッチやウエイトトレーニングをする。１日か２日たてば、痛みを感じずにサイクリングマシンが漕《こ》げるようになる。孫たちを追いかけて走るときは以前より慎重になった。膝が痛むときはサポーターをつける。

そう、まるで一流のアスリートみたいに。

27

幸せな人と交流しよう
――役に立つのは健全な関係

MIX WITH HAPPY PEOPLE : *Healthy relationships are good for you*

クライアントはいつも、精神分析医にかかるより、わたしと会うほうがずっと安上がりだと言ってくれた。食生活を改善すると、以前よりも幸せな気持ちになったり、精神力が強くなったり、自信がついたりするからだ。健康は感情に大きく左右される。不幸な人は、健康的な食事をする気力が湧きにくくなる。カロリーの高いものが欲しくなり、つい脂肪たっぷりの食べ物を口にしてしまう。

自分を幸せにしてくれる友だちや家族と交流することは、健康にとてもよい。これは科学者として学んだことではなく、一般常識のひとつ。人間関係がうまくいっている人は、からだの調子もよく感じられる。人間関係がうまくいっていない人は、打ちのめされて悲しい気分になる。

幸せな家族と親戚をもてたわたしは、運がいい。わたしたちは一緒に過ごすのが好きで、よくみんなで涙が出るほど大笑いする。母は自ら模範を示し、家族を大切にすることがどれだけ大事かを教えてくれた。いつもわたしたちを大切にし、きちんとした食事を与え、好きなことを思う存分できるようにしてくれた。わたしたちが自分の子どもを大切にできるのは母のおかげだ。わたしが離婚しようとしていたとき、母はこう言った。「家族が第一よ」。母が伝えたかったのは、子どもたちを何よりも優先させなければならないということ。結局、わたしは子どもたちのために結婚生活を続け、やがて子どもたちのために離婚した。

〝家族第一〟が、わたしたち家族のモットー。定期的に集まることをわたしたちは大切にしている。さまざまな都市に住み、忙しい日々を送っている40人が一堂に会するのは簡単ではないけれど、それでもわたしたちは定期的に顔を合わせるようにしている。

ある年には、一族全員でコスタリカに旅行した。別の年には、スペインのコスタ・ブラバに行った。わたしたちが選ぶのは、家族で貸し切れる小さなホテルのある場所だ。

旅行先では、各自が自由に過ごすことにしている。それもまた、みんなが旅行を楽しめる理由のひとつ。スポーツに興じる人、ゆっくり本を読んで過ごす人、水泳や散歩を楽しむ人もいる。ずっと寝ている人もいれば、食べてばかりの人もいる。旅行を通じてわかるのは、自分がそこにいる人たちに愛されていること、それでいて自分の自由も認められていること。わたしたちはべたべたくっつかない。誰かが立てたプランがあれば、参加してもいいし、参加しなくてもいい。スマホをいじっていたければそうすればいいし、ノートパソコンと向き合っていたいならそれでもかまわない。

夕方、ケイはひとりで泳ぎにいく。1日に3時間だって泳げるほど、水泳が得意なのだ。誰かがついて来ても、来なくても、ケイは気にしない。わたしもときどきついて行くが、ケイはわたしよりずっと速く泳ぐ。30分後、わたしが疲れてしまっても、ケイは泳ぎつづけ、黙々と水の中を進んでいく。

みんなで近くの町を訪れることもある。行きたい人はみんな行くので大人数だ。ディナーを予約し、1軒のレストランに40人が収まるよう挑戦することもある。

ある晩、40人全員がディナーに参加した。でも、孫たちが大声をあげて走り回ったので、うるさくて食事どころではなかった。

「これ以上の騒音は耐えられない」。わたしはケイに言った。

「わたしもよ！」。ケイも同意した。

わたしとケイは、サンドイッチを手に海岸を歩いた。ふたりだけで座って海を眺め、一緒におだやかな夜を過ごした。

わたしと子どもたちと孫たちだけのこともある。トスカに双子が産まれた直後の感謝祭では、イーロンの家で休暇を過ごすことにした。

スペースXがロケットを打ち上げることになっていて、イーロンはわたしたち全員をその場に集めたかったのだ。わたしが前の晩にもらったメールにはこう書かれていた。「フライトを予約した。明日の朝、オーランド行き」

トスカに伝えようと電話をかけたけれど、すでに寝てしまっていた。わたしはなんとかベビーシッターに連絡をつけ、こう言った。「マンションに行って、朝６時にトスカを起こしてほしいの。飛行機に乗るために朝７時に空港に着かないといけないから」

急に翌朝のフライトが決まって、わたしたちがどれほど慌てふためいていたか想像できるかしら？　なにせ、生まれたての泣きわめく赤ん坊をふたりも抱えていたのだ。機内での数時間、わたしたちはふたりをあやしたり、まわりの乗客に気を遣ったりしながら過ごした。

オーランドに着くと、全員でバスに乗って、宇宙ロケットの打ち上げ基地があるケープ・カナベラルに向かった。ＮＡＳＡのビルにいる全員のために、七面鳥のディナーをテイクアウトして持っていった。


仲のよい家族がいて、わたしはとても幸せだ。いつもお互いを信頼して、助け合っている。これまで、つらいこともたくさんあったけれど、いつも協力して乗り越えてきた。これはほんとうに特別なこと。ときどき、自分の家族は意地が悪いと言う人がいる。でも、実際にその家族に会って、お互いに延々と悪態をつくさまを見るまで、わたしは信じない。別れた夫の家族はそんな感じだった。食事のたびに罵《ののし》り合っていた。その状況を変えたいなら、家族と一緒に過ごすのをやめるしかない。家族といても幸せになれないなら、幸せな気分で笑い合うことのできる友だちを見つけよう。家族を頼れなくても、よいときも悪いときもきっと友だちが支えてくれる。お互いを大事にし合うと、みんなのためになる。

28

72歳は最高——いつも笑顔で

IT'S GREAT TO BE SEVENTY-TWO : *Keep smiling*

わたしの友だちには同世代の人もいるが、ほとんどは年下だ。みんな人生にわくわくしている。SNSでわたしが使うハッシュタグは「#ItsGreatToBe72」（72歳は最高）。72歳でいることはほんとうに楽しい。

SNSに寄せられたコメントを見るかぎり、人は年をとるのを怖がっている。そういう人たちは、わたしの投稿を見て自分たちの将来について安心するようだ。もちろん、顔のしわについても。よく、インタビューでこう聞かれる。72歳なのに、そんなに楽しそうなのはなぜ？　あなたのようなおばあさんが世界から注目されたり評価されたりする理由は？　どうして流行に敏感なの？　おしゃれをするのはなぜ？

わたしが年をとるのを恐れないのは、人生が「10年ごとによくなっている」から。3人の子どもたちを授かったことを除けば、わたしの20代はひどいものだった。30代も最悪だったし、40代はなんとかやっていくので忙しかった。50代になってニューヨークで新しい生活を始め、事業を立ち上げた。友だちを探す努力をしたのはこの時期。60代は子どもたちと孫たち、仕事に囲まれ、少し落ち着いた生活を送れるようになった。そしていま、わたしはこれまでにないほど忙しい。予想外だけれど、わたしはこの生活が気に入っている。

　わたしが年をとることを恐れないのは、母がすばらしいお手本を示してくれたから。父が亡くなったとき、母は61歳だった。父は73歳で、亡くなった原因は飛行機事故だった。双子の妹ケイの夫も、そのとき一緒に亡くなった。悲劇だ——現実のできごととは思えなかった。わたしたちにとって父はスーパーマンだったのに。

　両親はとても仲がよかったから、みんな、母が立ち直れないのではと心配した。母がこれからどうなるのか、誰にもわからなかった。いつも父のそばにいて、父を支え、助けるのが母の役目だったから。ところが、わたしたちはまったく見誤っていた。やがて母は花開いた。60代半ばにして講習会に通い、木彫り、陶芸、絵画を始めた。国じゅうを旅行し、風景や家並みを油彩や水彩で描いた。プレトリアでは定期的に展覧会も開いていた。

　カメラマンでもあった母は、写真も展示するようになり、賞まで取った。母が砂漠で撮影した、わたしたち家族のみごとな写真がある。母にそれほどの才能があるなんて知らなかった。わたしは母の白髪を受け継いだけれど、芸術の才能は受け継がなかった。70代になると、母は今度はエッチングを始めた。エッチングは、針を使って銅板を彫ったあと、さまざまな薬剤と機械を使って、紙に刷って仕上げる。自分で器具をそろえ、使い方もすべて覚えた。母の名は、南アフリカの『芸術家人名録（Who's Who Book of Artists）』に掲載された。母は昼も夜も作品づくりに取り組んだ。そうしたすべてが、南アフリカの芸術家としての22年のキャリアにつながったのだろう。

86歳のとき、母はカナダに戻り、初めからやり直した。Zip2の売却直後だったので、わたしたち家族には、母と姉を飛行機に乗せ、カナダの親戚の近くに生活環境を整えられるだけの資金があった。よその人たちは母が友だちを恋しがるだろうと心配した。わたしが電話をかけてそのことを尋ねると、母はまったく心配していないと言った。母の友だちはみんな亡くなっていたからだ。絵の制作もエッチングも続けていたし（道具も帰国の際に持ってきた）、定期的に写真の展示もしていた。当時、母と一緒に暮らしながらダンスの講師をしていた姉のリンも、母に感化されて59歳でデジタルアートを始めた。でも母のほうも、まだまだ新しいことを始める気力にあふれていた。

94歳のとき、からだの震えのためにこれまでどおりの絵が描けなくなってしまう。ところが母は、趣味のペースを落とす代わりにテクノロジーを活用してデジタルアートを学びはじめた。96歳になると、震えのせいでデジタルアートさえ続けられなくなった。引退したあとはむさぼるように本を読み、いままで旅行した場所を地図でたどった。母は言った。「90代のいまがこれまでいちばん幸せ」

アルバータ州の小さな町まで、母と一緒に老人会のお茶の集いに出かけたのを覚えている。それはお年寄りの社交の場だった。ひどい体験だった。みんなが不満を言っていたから。

帰り道、わたしは母に尋ねた。「あの人たちは年をとったから怒りっぽくなったの？」

「違うわ。あの人たちは若いころから怒りっぽかったのよ」

だから、もしあなたが怒りっぽい人なら、自分を変えるようにいまから訓練しておこう。さもないと、年をとったときにもっと怒りっぽくなってしまうから。

　母と一緒にいる時間は楽しかった。いつも機知に富んで、生き生きとしていた母だったけれど、98歳のときにとうとう、からだのほうがまいってしまい、他界した。その日付き添っていたケイが教えてくれた。「ママは朝も笑っていたわ」。母は、年をとることをけっして恐れなかった。話題にすらしなかった。いつも華やかにしていて、どんな場所でも鮮やかな赤い口紅を塗り、出かけるときはイヤリングをつけるのが好きだった。晩年には、美しい白髪を長く伸ばし、いつもきちんとした服装をしていた（絵の具はついていたけれど）。

　母はいつも前向きな人だった。それは父も同じ。わたしは父を、いつも楽しいことを追い求めていた人だと記憶している。名刺の裏にさえ「いつも笑顔で」と書いてあった。父はその心持ちを、自分のすることすべてに取り入れた。両親が声を荒らげたことは一度もないし、ふたりが口論しているのを耳にしたこともない。

長く生きる人は、同じような問題に何度もぶつかる。ひどいことを言われたりされたりしたときは、こう言えばいい。「前にもこんなことがあった」と。過去にひどく苦しんだ経験も、2回めにはあまり苦しまなくなり、いずれ払いのけられるようになる。

わたしたちは、家族の死を何度か経験した。初めての死はとてもつらかった。二度と立ち直れないと思うほどだったけれど、時がたてば傷は癒える。いずれ、亡くなった家族の思い出話に花を咲かせることだってできる。

結腸がんを患っていた姉を訪ねていたころ、よく犬を連れていった。でも、犬が年をとって具合が悪くなったので、わたしはうろたえた。そんなわたしを見て、姉が言った。「犬より長生きしなくちゃね」。姉が亡くなったいまでも、彼女の現実的なものの見方についてよく考える。姉は最期までユーモアのセンスを失わなかった。ある日、一緒にスーパーに行ったときのこと。姉はカートにつかまらなければ歩けないほど衰弱していた。偶然出会った姉の知り合いは、あまりの痩せぶりを見て、「スリムになって見違えたじゃない。いったいどんなダイエットをしているの？」と尋ねた。すると姉は、「がんよ！」と答えて笑った。

わたしの70歳の誕生日に、ふたつのパーティーが開かれた。ひとつは、ニューヨークで、〈カバーガール〉と『ハーパーズバザー』誌主催のパーティー。ファッション業界の人たちやモデル、友だちなど、たくさんの人が来てくれた。ロサンゼルスでは、イーロンとキンバルとトスカが大きなパーティーを開いてくれた。すばらしい1日だった。スライドショーでこれまでのわたしの写真が映され、家の外は風船で飾られ、豪華なカクテルやアイスクリームの屋台もあった。プロのダンサーやサックス奏者やDJもいた。わたしはたくさんの友だちと家族に囲まれていた。11歳のときに故郷で出会った学校の友だちも来てくれた。テスラ・ギガファクトリーから駆けつけてくれたTシャツ姿のイーロン。夫と一緒に来てくれた親友のジュリア。長年ともに働いた栄養士仲間たちは、同僚から感謝とねぎらいのメッセージを集めたアルバムをつくってきてくれた。これには感動して泣いてしまった。

もし、あなたがわたしから何かを学ぼうと思ってくれるなら、この言葉を覚えておいてほしい。「年をとるのを恐れないこと。そして、年をとるのを恐れない友だちと付き合うこと」。いろいろな年代の友だちと楽しく過ごそう。あなたが友だちに好かれているのは、あなたが魅力的でおもしろく、賢くて自信にあふれ、それにきっとスタイリッシュ（と自分で思っている）だから。相手が何歳だろうと、その人の意見に耳を傾け、親切にしよう。もし誰かから、あなたは年をとりすぎていると言われたら、とくにデート相手からそう言われたら、さよならを言おう。

年をとることはすばらしい。年を重ねるにつれ、人は賢くなれる。もっと自信を持つこともできる——これはわたしも経験したうれしい驚きだった。もう一度言うけれど、年齢を問題にするようなろくでなし男はすぐに人生から追い出すこと。年をとることのすばらしさばかり書いたから、「この先まだ、いいことがあると期待してるの？」と言われてしまいそうだけれど……そのとおりかもしれない。

いま、わたしは人生でいちばんよいときを過ごしている。何よりもまず、この本を書いて、世の女性たちがよりよい人生を過ごす助けができたこと。それがわたしはうれしいし、この本を読んだ人も同じ気持ちだと願っている。

わたしの70代は始まったばかり。次に何が起こるのか、待ち遠しくてしかたない。

おわりに　計画を立てよう　——すぐ始めよう

MAKE YOUR PLAN : Start now

ちょうどこの本を書きはじめたころ、ニューヨークを訪れた。本書の編集者と昼食をとり、〈カバーガール〉のイベントに出席し、『アルーア』誌の編集長と一緒にポッドキャストの録音もした。ジュリアも同行し、衣装を選んでくれた。

宿泊したホテルはすばらしいところだった。映画の撮影現場にいるトスカと通話を終え、その週にレストランの開店を控えていたキンバルにメールを送り、iPadを手にロビーに座って、イーロンのスペースXのロケットの打ち上げを誇らしい気持ちで観ていた。すると突然、以前にこのホテルに来たときの記憶がよみがえった。当時わたしは50代前半で、ニューヨークに住んでいた。食生活カウンセリングのオフィスを開いたばかりだった。

そのとき来たのはある撮影のためで、まさに同じホテルだった。ホテルは何も変わっていないように見えたけれど、わたし自身の見た目は変わったと思う。境遇が変わったからだ。

撮影のあと、みんなはレストランのバーに飲みに行った。わたしも参加したかったが、行かなかった。飲み代を払う余裕がなかったからだ。行けば誰かがおごってくれたかもしれない。でも、もしおごってもらえなかったら？　結局、わたしは立ち去ることにした。代金を支払えないかもしれないなら、無理に行く必要はない。ひもじく思ったり、自分が情けなくなったりはしなかった。「いつかかならず戻ってきてやる！」とも言わなかった。いつの日か戻ってこられたとしても、こんなふうになっているなんて想像もしていなかった。

わたしは、とにかく熱心に働き、新しい計画を立て、前に進みつづけた。

きっと、それこそが毎日ポジティブな気持ちで目覚められる理由なのだと思う。これまで、裕福な暮らしをしたこともあるし、着の身着のままの暮らしをしたこともある。人は、次に自分の身に何が起こるかなんてわかりっこないということも悟った。でもいまこの瞬間、わたしは健康で、自分の仕事を楽しんでいる。家族を愛していて、すばらしい友だちもいる。

健康にも仕事にも人生にも、手っ取り早い解決法なんてない。必要なのは、懸命に努力し、物事のよい面を見て、正直でいること。常識に従い、計画を立てるしかない。

計画を立てても、いつもうまくいくわけじゃない。失敗したら別の計画を立てる必要がある。作戦を練り直す、と言ってもいい。人生は、上がったり下がったりを繰り返すジェットコースターみたいなもの。上がったときは最高かもしれないけれど、下がったときはきっと、ものすごくつらい。そして下がったときは、這《は》い上がるための計画を立てなくてはならない。でも、年をとるにつれて下がったときの悲惨さは薄れ、痛みも少なくなり、傷つくことも減る。過去にそれを乗り越えてきた「経験」があるからだ。

いつ幸せになりたいのかは、自分で決めなければならない。あなたはいつ幸せになりたい？

転職したいとか、もっと健康になりたいとか思っているのなら、早く行動に移そう。家族や友だちと幸せな生活を送ったり、自分の人生を愛したりするのも、後回しにしなくていい。

　ときにはわたしも、マイナス思考に陥ることがあった。「いつか幸せになれるとは到底思えない。きっと一生、不幸なままだ！」……そして、わたしは脱出計画を立てた。不幸ばかりの人生に別れを告げるために。だから、これを読んでいるあなたにも言いたい。いますぐ、計画を立てよう。

謝辞

亡くなった母に感謝を。賢く勤勉であると同時に、やさしさと思慮深さを兼ね備え、自信に満ち溢れた女性として、すばらしい手本を示してくれた。本書のことをきっと喜んでくれるはずだ。24年前、わたしの初めての本を、大きな声で1行ずつ読み上げてくれたように。

カネッサ・タイクスにも感謝したい。2年ものあいだわたしをせっつき、本を書くよう説得してくれた。読者に伝えたいメッセージが自分のなかに眠っていたことに気づけたのは、カネッサと一緒に世界じゅうを飛び回り、メディアや新しく出会った人たち、講演の聴衆に自分の話をするようになったおかげだ。

著作権代理人のペイジ・シスレーとサリー・ハーディングにも感謝している。わたしとの仕事をとても楽しんでくれた。前著を気に入り、そのアドバイスから刺激を受け、わたしにはもっと壮大なストーリーがあるはずだと言ってくれた。

わたしをすばらしく魅力的に見せ、いちばん似合うものを選んでくれる、スタイリストであり親友のジュリア・ペリーにもお礼を言いたい。

すべての契約書を（本書の契約書も含めて）確認し、いつでもわたしを法律面で守ってくれるアリ・グレース・マークワートもありがとう。

わたしの話を聞き、章ごとに仕分けてくれた、サンドラ・バークにも感謝を。

何週間もかけてそれぞれの章を魅力的なものにし、本のメッセージにわたしを集中させつづけてくれた担当編集者のエミリー・ヴンダーリッヒにも感謝している。

本書の出版をわたしと同じくらい楽しみにしてくれた、バイキング・ペンギン・ランダムハウスにも感謝したい。

メイ・マスク　Maye Musk

国際的なスーパーモデル、登録栄養士であり、世界中で講演を行っている。『ヴァニティ・フェア』、『ヴォーグ』、『コスモポリタン』、『マリ・クレール』、『アルーア』といったファッション誌で活躍している。『ニューヨーク・マガジン』では表紙を飾った。カナダで生まれ、南アフリカ共和国で数十年暮らした後、カナダに移住して現在はロサンゼルス在住。

寺尾まち子　Machiko Terao

英語翻訳者。青山学院女子短期大学英文学科卒。おもな訳書に『エモーションコード――「囚われた感情」の解放による奇跡の療法』（パンローリング）、『リンカーンのように立ち、チャーチルのように語れ　聞く者の魂を揺さぶるスピーチテクニック21』（海と月社）、がある。

三瓶稀世　Kise Sanpei

英語翻訳者。同志社大学商学部卒。貿易会社にて社内翻訳・通訳をするかたわら書籍翻訳に従事。

装丁／篠田直樹（bright light）
翻訳協力／株式会社 リベル

A WOMAN MAKES A PLAN

Advice for a Lifetime of Adventure,
Beauty, and Success
by
Maye Musk

72歳《さい》、今日《きょう》が人生《じんせい》最高《さいこう》の日《ひ》

2020年7月20日　第1刷発行

著　者　メイ・マスク

訳　者　寺尾《てらお》まち子《こ》　三瓶《さんぺい》稀《き》世《せ》

発行者　茨木政彦
発行所　株式会社　集英社
〒101-8050 東京都千代田区一ツ橋2-5-10
電話　編集部　03-3230-6068
読者係　03-3230-6080
販売部　03-3230-6393（書店専用）

印刷所　凸版印刷株式会社
製本所　株式会社ブックアート

ISBN978-4-08-786129-7　C0098